U0879232

全国环境监测培训系列教材

# 环境监测质量管理技术

中国环境监测总站　编

中国环境出版集团・北京

**图书在版编目（CIP）数据**

环境监测质量管理技术 / 中国环境监测总站编. —北京：中国环境出版集团，2014.3（2024.7 重印）
全国环境监测培训系列教材
ISBN 978-7-5111-1770-0

Ⅰ. ①环… Ⅱ. ①中… Ⅲ. ①环境监测—质量管理—技术培训—教材 Ⅳ. ①X83

中国版本图书馆 CIP 数据核字（2014）第 047438 号

**出 版 人** 武德凯
**责任编辑** 曲 婷
**责任校对** 尹 芳
**封面设计** 陈 莹

---

**出版发行** 中国环境出版集团
（100062 北京市东城区广渠门内大街 16 号）
网 址：http://www.cesp.com.cn
电子邮箱：bjgl@cesp.com.cn
联系电话：010-67112765（编辑管理部）
发行热线：010-67125803，010-67113405（传真）

**印 刷** 北京中科印刷有限公司
**经 销** 各地新华书店
**版 次** 2014 年 6 月第 1 版
**印 次** 2024 年 7 月第 4 次印刷
**开 本** 787×1092 1/16
**印 张** 9.75
**字 数** 228 千字
**定 价** 40.00 元

---

# 《全国环境监测培训系列教材》

# 编审委员会

# 《环境监测质量管理技术》
# 编写委员会


主　编：夏　新　付　强

副主编：冯　丹　吴晓凤　史　箴

编　委：（以姓氏笔画为序）

王　琳　王向明　王福伟　卞吉玮　付　强　冯　丹

史　箴　龙　湘　刘　娟　孙宜权　池　靖　米方卓

吴　丹　吴东海　吴忠祥　吴晓凤　张　健　张家铭

李旭冉　居小秋　金致凡　姚雅伟　夏　新　袁　敏

黄伟民　魏　毅

# 序

党的十八大把生态文明建设纳入中国特色社会主义事业总体布局，提出建设美丽中国的宏伟目标。环境保护作为生态文明建设的主阵地和根本措施，迎来了难得的发展机遇。环境监测是环保事业发展的基础性工作，“基础不牢，地动山摇”。环境监测要成为探索环保新路的先锋队和排头兵，必须建设一支业务素质强、技术水平高、工作作风硬的环境监测队伍。

我国各级环境监测队伍现有人员近6万人，肩负着“三个说清”的重任，奋战在环保工作的最前沿。我部高度重视监测队伍建设和人员培训工作，先后印发了《关于加强环境监测培训工作的意见》、《国家环境监测培训三年规划(2013—2015年)》，并启动实施了环境监测大培训。

为进一步提升环境监测培训教材的水平，环境监测司会同中国环境监测总站组织全国环境监测系统的部分专家，编写了全国环境监测培训系列教材。这套教材深入总结了30多年来全国环境监测工作的理论与实践经验，紧密结合当前环境监测工作实际需要，对环境监测各业务领域的基础知识、基本技能进行了全面阐述，对法律法规、规章制度和标准规范做了系统论述，对在监测管理和技术工作中遇到的重点和难点问题进行了详细解答，具有很强的科学性、针对性和指导性。

相信这套教材的编辑出版，将会更好地指导全国环境监测培训工作，进一步提高环境监测人员的管理和业务技术能力，促进全国环境监测工作整体水平的提升。希望全国环境监测战线的同志们认真学习，刻苦钻研，不断提高自身能力素质，为推进环境监测事业科学发展、建设生态文明做出新的更大的贡献！

吴晓青<br>2013年9月9日

# 前　言

《环境监测质量管理技术》分册是全国环境监测培训系列教材之一。环境监测质量管理是环境监测数据具有代表性、准确性、精密性、可比性和完整性的重要保证之一，是环境监测工作的重要组成部分。

我国在环境监测工作开展的初期，就开始有组织地开展环境监测质量保证和质量控制工作。随着监测技术、质量管理技术和质量管理体系的发展，我国环境监测的质量管理工作开始步入制度化和规范化发展轨道，已从单一的、简单的制定规章制度，逐步发展到全面的、系统的质量管理体系建设；从单一的环节程序控制，发展到环境监测全过程的质量保证和控制，有效地推动了我国环境监测质量管理水平的全面提升。

经过三十多年的发展，我国的环境监测事业已经取得了长足的进步，环境监测质量管理工作也取得了显著的成绩，质量管理体系进一步健全和完善。但是，由于全国各地经济和技术发展不平衡，人员基础能力和管理经验存在差异，需要对与质量管理相关的基础性知识进行系统性介绍，对全国环境监测质量管理的基本框架进行完善，也需要对多年的工作经验进行总结和分析，逐步形成相对系统化和标准化的培训目标。

本书立足当前环境监测质量管理现状和发展需求，注重对计量单位、标准样品、量值溯源和监测方法等基础知识及其应用进行概述，并系统总结和梳理人员资格考核和监测能力认定两方面的工作程序、技术要求和常见问题等，可作为环境监测质量管理人员的学习资料和基础性教材。

本书由付强和夏新主持编写，第一章由王向明编写，第二章由吴晓凤、姚雅伟、米方卓和夏新编写，第三章由夏新和王琳编写，第四章由吴晓凤和池靖编写，第五章由吴忠祥编写，第六章由米方卓编写，第七章由冯丹、龙湘、吴丹、袁敏和池靖编写，第八章由卞吉玮、张健、刘娟、黄伟民、张家铭、孙宜权和夏新编写。

本书编写过程中，资料收集、筛选和整编等方面难免有失偏颇，加之时间仓促、水平有限，书中难免有不足和疏漏之处，恳请读者批评指正。同时对本书的编写人员以及无私提供相关资料的人员表示诚挚的谢意！

编　者

2013年10月于北京

# 目 录

# 第一章　环境监测与法定计量单位

## 第一节　法定计量单位概述

### 一、法定计量单位的基本概念

**1. 量**

量是阐述物质世界运动规律的一个最重要的基本概念。在国际计量局（BIPM）、国际电工委员会（IEC）、国际标准化组织（ISO）和国际法制计量组织联合制定的《国际通用计量学基本名词》中，“量”被定义为：“现象、物体和物质的可以定性区别和定量确定的一种属性。”由此可知，被研究对象可以是自然现象，也可以是物质本身。世界上每一种物质都有大小、多少、远近、长短、高低、深浅、宽窄、轻重、软硬、冷热、强弱、快慢、明暗等程度上的区别，因此，所谓“量”，就是运动着的事物所呈现的、在程度上可以区别并能定量确定的性质，每一种性质就是一个量。

计量学所研究的量绝大部分是物理量和化学量，物理量都是可以计量的，但也有少数可计量的量并不是物理量，如硬度、表面粗糙度和感光度等，它们是约定可计量的量，这类量的定义和量值与计量方法有关，相互之间不存在确定的换算关系，例如钢板的硬度，用洛氏硬度计和布氏硬度计得到的硬度值不同，计量学也包含对这类非物理量的计量研究。

**2. 量的种类**

根据量在计量学中所处的地位和作用，有不同的分类方法，简要介绍如下。

（1）基本量和导出量

在量制中，约定地认为是彼此独立的量称为“基本量”，而另一些在量制中，为该量制基本量的函数所定义的量称为“导出量”，基本量和相应的导出量的特定组合构成整个科学领域或某个专业领域的“量制”。例如，基本量，在力学领域有三个：长度、质量和时间；在电磁学中又增加了电流；在热学中增加了温度；而在整个科学领域里，还有物质的量和发光强度。

由此可见，基本量的数目不可能很多，而导出量是根据它的物理公式，由几个基本量推导出来的，数量比较多。例如，由长度、质量和时间三个基本量，可导出速度、压力、密度、功和功率等。

（2）被测量的量和影响量

按照量在计量学中所处的地位，又可分为“被计量的量”和“影响量”。被计量的量就是“受到计量的量”，它可以理解为已经计量所获得的量，也可指待计量的量。影响量“不是计量对象但却影响被计量的量值或计量仪器示值的量”。虽然影响量不直接反映被计量对象的量值，但对计量结果有重大影响。

影响量来源于环境条件和计量器具本身，如环境温度、气压、湿度、地磁场、重力场、振动、电源电压和电源频率计等计量器具安装位置和本身结构变化等。一般情况下，测量时往往满足于获得直接的测量结果，容易忽视影响量的作用，从而得出不准确甚至错误的结果。因此，在进行任何测量时，必须考虑这类因素的影响，对提高测量结果准确度具有重要意义。

（3）有源量和无源量

有些测量对象本身具有一定的能量，如温度、力和照度等。观察者无需为测量中的信号提供外加能源，对于这类量称为“有源量”。在进行精密测量时，应力求从测量对象获取的能量不导致测量对象原有状态的变化。

有些测量对象本身没有能量，如长度和角度等空间位置及硬度等材料特性，为了能够进行计量，必须从外界获取能量，这类量称为“无源量”。

（4）物理量的种类

物理量是量度物理属性或描述物体运动状态及其变化过程的量。而物理量的单位是用来衡量物理量的标准。物理量的描述要同时用数字和单位来描述，否则不能产生任何物理意义。按照国际标准化组织的建议（ISO31）和我国 GB 3100～3102—93 标准，物理量按其学科可划分为 11 类。

a）空间和时间的量，如长度、角度、时间、速度、加速度等；

b）周期及有关现象的量，如频率、波长、振幅、阻尼系数等；

c）力学的量，如质量、密度、力、功、能、流量等；

d）热学的量，如热力学温度、热量、热容、热导率等；

e）电磁学的量，如电流、电势、电容、磁通、磁导等；

f）光及有关电磁辐射的量，如发光强度、光通量、照度、辐射强度、辐射通量、辐射照度等；

g）声学的量，如声压、声速、声功率、声强等；

h）物理化学及分子物理学的量，如物质的量、阿伏加德罗常数、摩尔质量、渗透压、玻尔兹曼常数等；

i）原子和核子物理学的量，如原子质量、电子质量、普朗克常数、里德伯常数等；

j）核反应和电离辐射的量，如粒子通量密度，能通量密度、活度、吸收剂量等；

k）固体物理学的量，如霍尔系数、汤姆逊系数、里查逊常数等。

**3. 计量单位**

用以定量表示同类量值而约定采用的那个已知的特定量，就是计量单位。量总是由数值和计量单位组合表示的，用没有计量单位的纯数值表示量的大小是没有意义的，或者说，量的表示都必须在其数值后面注明所用的计量单位。在一般情况下，量的大小并不随所用计量单位而有所变化，即可变的只是单位和数值，这是量的基本特性，也是各种单位制单位相互换算的基础。

计量单位一般应具有如下条件：

（1）单位本身是一个固定的量，即具体可以比较的“量”，而不是一个量“值”；

（2）命这个固定量的数值为 1，且这个命其数值为 1 的固定量应有具体的名称符号和定义，如千克、米或秒等；

（3）单位量的测量必须建立在科学、准确的基础上，要能定量地表示并可以复现，并具备现代科学技术所能达到的最高准确度和稳定性。

由此可知，计量单位的定义是：有明确定义和名称并命其数值为 1 的一个固定的量，或者是用以度量同类量大小的一个标准量。

**4. 计量单位制**

由于计量单位是人为选定的，带有主观随意性，因而造成了历史上有关计量单位的混乱：一是对同一个量选用了许多不同的计量单位；二是对每个单位的倍数和分数单位采用不同进制，如 10 进位、12 进位、16 进位和 60 进位等；三是很少考虑由于量与量之间的联系所决定的单位与单位之间的联系，使得由全部单位构成的总体变成缺乏逻辑联系的一个庞杂混合体，对于商品经济发达、科学文化交流日趋频繁的近现代社会而言是无法适应的。为了消除这种混乱状况所带来的不良后果，计量单位制应运而生。统一规定每一个单位的名称、符号，倍数和分数单位采用相同的进位制，由一组选定的基本单位和由定义公式与比例因数确定的导出单位组合，构成全部单位的总体及一套完善的规则，就称为计量单位制。

任何量与所选用的计量单位无关，单纯的数值不能表达量的属性。在多种单位制并存的情况下，同一个量的两种计量单位之比 $K$ 称为“单位换算系数”。

**5. 量纲**

在基本量确定之后，任何其他导出量都可以根据一定的物理规律或量之间的相互关系（如相乘或相除）表示出来，这样就把在某一量制中基本量的幂的乘积表示该量制中一个量的表达式称为“量纲”。

在国际单位制中，规定长度、质量、时间、电流、热力学温度、物质的量和发光强度七个量为基本量，它们的量纲分别用正体大写字母表示为 L、M、T、I、Ⓗ、N、J。

量纲的实际意义在于能定性地确定量与量之间的关系，特别是导出量与基本量之间的关系。任何量的表达式，其等号两边必须具有相同的量纲式，该规则称为“量纲法则”。

在给定量制中，其表达式内基本量的指数为零的量称为“无量纲量”，如线性应变、摩擦系数和相对密度等都是无量纲量。

**6. 法定计量单位**

法定计量单位是指国家以法令的形式，明确规定并且允许在全国范围内统一实行的计量单位。凡属于一个国家的法定计量单位，在该国家的任何地区、任何领域及所有人员都应按规定要求严格采用。我国的法定计量单位是以国际单位制为基础，结合我国的实际情况，适当增加了一些其他单位构成的，其主要特点是：完整、具体、简单、科学、方便，同时与国际上广泛采用的计量单位更加协调统一。1984 年 2 月 27 日，国务院发布了《关于在我国统一实行法定计量单位的命令》，公布了《中华人民共和国法定计量单位》，以法规的形式统一了我国的计量单位，目前在全国范围内实施的法定计量单位标准是《量和单位》（GB 3100～3102—93）。

**7. 量值**

“由一个数和合适的计量单位表示的量”称为“量值”，即量由数值和计量单位两部分组成。所谓“量值统一”的确切表述应该是量值准确、一致，可以理解为：在单位量值的传递中，所用的各级标准计量器具以及由它们检定或校准的计量器具的量值，都可以溯源到国家计量基准，它们的量值在规定的误差范围内保持一致。

为在全国范围内实现量值一致，保证一切计量结果准确可靠，必须做到：

（1）用国家法律形式或行政命令发布国家法定计量单位，统一全国计量单位制度；

（2）建立复现计量单位的国家计量基准和传递所需的各级计量标准；

（3）制定相应的计量检定系统和检定规程等技术法规，以确定被认可的被检项目、设备、方法和环境条件等。

此外，计量人员必须经过严格的培训和考核，有良好的技术素质，能正确完成计量过程，这也是保证量值准确一致的根本条件。

## 二、我国法定计量单位的构成

我国的法定计量单位主要由三部分构成：① 国际单位制单位；② 国家选定的非国际单位制单位；③ 上述单位构成的组合形式单位。

**1. 国际单位制单位**

国际单位制是由 SI 单位（包括 SI 基本单位、SI 导出单位）、十进制倍数单位和分数单位构成，其相互关系见图 1.1。

- 国际单位制（SI）
  - SI 单位
    - SI 基本单位
    - SI 导出单位
      - 包括 SI 辅助单位在内的具有专门名称的 SI 导出单位
      - 组合形式的 SI 导出单位
  - SI 的倍数单位

**图 1.1 国际单位制的构成**

SI 单位和国际单位制单位需有所区别。SI 单位是指国际单位制中构成一贯制的单位，均不带 SI 词头，是国际单位制中有特定含义的名词；而国际单位制单位不仅包括 SI 单位，还包括它们的十进倍数单位和分数单位（即由 SI 词头和 SI 单位构成的新单位）。在此需要指出的是：质量基本单位千克（kg）中的千（k）不作词头用，而将千克（kg）视作一个整体，所以千克（kg）属于 SI 单位。由此可见，长度单位中的 km，m，cm，mm，μm，…；力单位中的 MN，kN，N，mN，μN，…，都是国际单位制单位，其中只有 m 和 N 才是 SI 单位。

（1）SI 基本单位及其定义

国际单位制中的 SI 基本单位为米、千克、秒、安培、开尔文、摩尔和坎德拉，其对应量的名称、单位名称、单位符号和定义见表 1.1。

表 1.1 SI 基本单位

| 量的名称 | 单位名称 | 单位符号 | 定义 |
|---|---|---|---|
| 长度 | 米 | m | 米是光在真空中于 1/299 792 458 s 时间间隔内所经路径的长度 |
| 质量 | 千克（公斤） | kg | 千克等于国际千克原器的质量 |
| 时间 | 秒 | s | 秒是铯 133 原子基态的两个超精细能级间跃迁所对应的辐射的 9,192,631,770 个周期的持续时间 |
| 电流 | 安[培] | A | 安培是在真空中，截面积可忽略的两根相距 1m 的无限长平行圆直导线内通以等量恒定电流时，若导线间相互作用力在每米长度上为 $2\times10^{-7}$N，则每根导线中的电流为 1A |
| 热力学温度 | 开[尔文] | K | 1 开尔文等于水的三相点热力学温度的 1/273.15 |
| 物质的量 | 摩[尔] | mol | 摩尔是一系统的物质的量，该系统中所包含的基本单元数与 0.012 kg 碳 12 的原子数目相等；使用摩尔时，基本单元应予指明，可以是原子、分子、离子、电子及其他粒子，或是这些粒子的特定组合 |
| 发光强度 | 坎[德拉] | cd | 坎德拉是一光源在给定方向上的发光强度，该光源发出频率为 $540\times10^{12}$Hz 的单色辐射，且在此方向上的辐射强度为 1/683W/sr |

注：① 圆括号中的名称是它前面名称的同义词，下表同。
② 无方括号的量的名称与单位名称均为全称。方括号中的字，在不致引起混淆、误解的情况下，可以省略。去掉方括号中的字即为其名称的简称，下表同。
③ 本表中所称的符号，除特殊指明外，均指我国法定计量单位中规定的符号以及国际符号，下表同。
④ 日常生活和贸易中，质量习惯称为重量。

（2）具有专门名称的 SI 导出单位

SI 导出单位是由 SI 基本单位按定义方程式导出的，具有专门名称的 SI 导出单位有 21 个，其中 17 个是以杰出科学家的名字命名的，如牛顿、帕斯卡、焦耳等。为使用方便，这些导出单位还可以与其他单位组合表示另一些更为复杂的导出单位。SI 导出单位见表 1.2。

（3）SI 词头

SI 词头的功能就是与 SI 单位组合，构成十进制的倍数单位和分数单位。在国际单位制中，共有 20 个 SI 词头，见表 1.3。这些词头所代表的因数，是由国际计量大会通过决议规定，它们本身不是数，也不是词，其原文来自希腊、拉丁、西班牙、丹麦等语中的偏僻名词，无精确含义，其中文名称一部分来自数词，如十、百、千、厘、毫等，一部分取自音译，如吉、太、拍、纳、皮、飞等。

表 1.2 包括 SI 辅助单位在内的具有专门名称的 SI 导出单位

| 量的名称 | SI 导出单位 | | |
|---|---|---|---|
| | 名称 | 符号 | 用 SI 基本单位和 SI 导出单位表示 |
| [平面]角 | 弧度 | rad | 1 rad=1 m/m=1 |
| 立体角 | 球面度 | sr | 1 sr=1 $m^2/m^2$=1 |
| 频率 | 赫[兹] | Hz | 1 Hz=1 $s^{-1}$ |
| 力 | 牛[顿] | N | 1 N=1 kg • $m/s^2$ |
| 压力，压强，应力 | 帕[斯卡] | Pa | 1 Pa=1 $N/m^2$ |
| 能[量]，功，热量 | 焦[耳] | J | 1 J=1 N•m |
| 功率，辐[射能]通量 | 瓦[特] | W | 1 W=1 J/s |
| 电荷[量] | 库[仑] | C | 1 C=1 A•s |
| 电压，电动势，电位，（电势） | 伏[特] | V | 1 V=1 W/A |
| 电容 | 法[拉] | F | 1 F=1 C/V |
| 电阻 | 欧[姆] | Ω | 1 Ω=1 V/A |
| 电导 | 西[门子] | S | 1 S=1 $Ω^{-1}$ |
| 磁通[量] | 韦[伯] | Wb | 1 Wb=1 V • s |
| 磁通[量]密度，磁感应强度 | 特[斯拉] | T | 1 T=1 $Wb/m^2$ |
| 电感 | 亨[利] | H | 1 H=1 Wb/A |
| 摄氏温度 | 摄氏度 | ℃ | 1℃=1 K（表示温度差和温度间隔时） |
| 光通量 | 流[明] | lm | 1 lm=1 cd • sr |
| [光]照度 | 勒[克斯] | lx | 1 lx=1 $lm/m^2$ |
| [放射性]活度 | 贝可[勒尔] | Bq | 1 Bq=1 $s^{-1}$ |
| 吸收剂量<br>比授[予]能<br>比释动能 | 戈[瑞] | Gy | 1 Gy=1 J/kg |
| 剂量当量 | 希[沃特] | Sv | 1 Sv=1 J/kg |

表 1.3 SI 词头

| 因　数 | 词头名称 | | 符　号 |
|---|---|---|---|
| | 英文 | 中文 | |
| $10^{24}$ | yotta | 尧[它] | Y |
| $10^{21}$ | zetta | 泽[它] | Z |
| $10^{18}$ | exa | 艾[可萨] | E |
| $10^{15}$ | peta | 拍[它] | P |
| $10^{12}$ | tera | 太[拉] | T |
| $10^{9}$ | giga | 吉[咖] | G |
| $10^{6}$ | mega | 兆 | M |
| $10^{3}$ | kilo | 千 | k |
| $10^{2}$ | hecto | 百 | h |
| $10^{1}$ | deca | 十 | da |
| $10^{-1}$ | deci | 分 | d |
| $10^{-2}$ | centi | 厘 | c |
| $10^{-3}$ | milli | 毫 | m |
| $10^{-6}$ | micro | 微 | μ |

| 因 数 | 词头名称 | | 符 号 |
|---|---|---|---|
| | 英文 | 中文 | |
| $10^{-9}$ | nano | 纳[诺] | n |
| $10^{-12}$ | pico | 皮[可] | p |
| $10^{-15}$ | femto | 飞[母托] | f |
| $10^{-18}$ | atto | 阿[托] | a |
| $10^{-21}$ | zepto | 仄[普托] | z |
| $10^{-24}$ | yocto | 幺[科托] | y |

注：① SI 词头与所紧接的 SI 单位构成一个新单位，应该视为一个整体。
② 质量单位的十进倍数和分数单位由 SI 词头加克（g）构成，如毫克（mg）、微克（μg）等。
③ 新单位与原来的 SI 单位具有相同的量纲。

## 2. 国家选定的非国际单位制单位

国家选定的非国际单位制单位有 16 个，这 16 个单位中既有国际计量委员会允许的在国际上保留的单位，如时间、平面角单位、质量单位、体积单位等，也有我国根据本国具体情况自行选定的单位，如旋转速度、线密度等就是我国机械工业和纺织工业广泛使用的计量单位。我国选定的非国际单位制单位见表 1.4。

表 1.4 可与国际单位制单位并用的我国法定计量单位

| 量的名称 | 单位名称 | 单位符号 | 与 SI 单位的关系 |
|---|---|---|---|
| 时间 | 分 | min | 1 min=60 s |
| | [小]时 | h | 1 h=60 min=3 600 s |
| | 日（天） | d | 1 d=24 h=86 400 s |
| [平面]角 | 度 | ° | 1 °=（π/180）rad |
| | [角]分 | ′ | 1′=（1/60）°=（π/10 800）rad |
| | [角]秒 | ″ | 1″=（1/60）′=（π/64 8000）rad |
| 体积 | 升 | l，L | $1\ L=1\ dm^3=10^{-3}\ m^3$ |
| 质量 | 吨<br>原子质量单位 | t<br>u | $1\ t=10^3\ kg$<br>$1\ u\approx1.660\ 540\ 8\times10^{-27}kg$ |
| 旋转速度 | 转每分 | r/min | $1\ r/min=(1/60)\ s^{-1}$ |
| 长度<br>速度 | 海里 | n mile | 1 n mile=1 852 m（只用于航行） |
| | 节 | kn | 1 kn=1 n mile/h=（1 852/3 600）m/s（只用于航行） |
| 能 | 电子伏 | eV | $1\ eV\approx1.602\ 177\times10^{-19}\ J$ |
| 级差 | 分贝 | dB | |
| 线密度 | 特[克斯] | tex | $1\ tex=10^{-6}\ kg/m$ |
| 面积 | 公顷 | $hm^2$ | $1\ hm^2=10^4\ m^2$ |

注：① 周、月、年（年的符号为 a）为一般常用时间单位。
② []内的字是在不致混淆的情况下可以省略的字。
③ （）内的字为前者的同义语。
④ 角度单位度分秒的符号不处于数字后时，需用括弧。
⑤ 升的符号中小写字母 l 为备用符号。
⑥ r 为“转”的符号。
⑦ 日常生活和贸易中，质量习惯称为重量。
⑧ 公里为千米的俗称，符号相同，为 km。
⑨ $10^4$ 称为万，$10^6$ 称为亿，$10^{12}$ 称为万亿。这类数词的使用不受词头名称的影响，但不应与词头混淆。
⑩ 公顷的国际通用符号为 ha。

3. 组合形式的单位

我国的法定计量单位除国际单位制单位和国家选定的非国际单位制单位以外，还包括组合形式的单位（简称组合单位）。组合单位是指两个或两个以上的单位，用乘除形式组合而成的新单位，也包括分母只有一个单位，分子为 1 的单位。构成组合单位的单位可以是国际单位制单位的基本单位，具有专门名称的导出单位，国家选定的非国际单位制单位，也可以是它们的十进倍数和分数。

## 三、法定计量单位的使用方法及规则

1. 法定计量单位和词头的名称

（1）法定计量单位的名称

① 法定计量单位的名称均指单位的中文名称。单位的中文名称分为全称和简称两种。例如：电流单位全称为“安培”，简称为“安”；电功率的单位全称为“瓦特”，简称为“瓦”。国际单位制中凡用方括号括上的都可以使用简称，如频率的单位赫[兹]，其简称为“赫”。

② 组合单位的中文名称与其符号表示的顺序一致。符号中乘号没有对应名称，除号的对应名称称为“每”字，无论分母中有几个单位，“每”字都只能出现一次。例如热容单位的符号是 J/（kg·K），中文名称是“焦耳每千克开尔文”；电扇的转速符号为 1 160 r/min，正确的单位名称是 1 160 转每分，而不能说成每分 1 160 转。

③ 乘方形式的单位名称，其顺序应是指数名称在前，单位名称在后。相应的指数名称由数字加“次方”而成，但长度的 2 次和 3 次幂是表示面积和体积时，可用“平方”和“立方”作指数名称。

④ 书写中文单位名称时，不加任何表示乘或除的符号，如乘、除（·、×、÷、/）或其他符号。如密度单位 $kg/m^3$ 的名称应写为“千克每立方米”，而不是“千克/立方米”。

⑤ 单位名称和符号必须作统一使用，不能分开。例如：温度单位的摄氏度，不能写成摄氏 20 度，而应写成 20 摄氏度，温度范围的标记应为“−18～3℃”，不应写为“−18℃～3℃”，规格系列的单位名称亦是如此。

（2）法定计量单位的词头名称

对于 SI 词头，国际上规定了统一的名称和符号，为了照顾习惯、方便使用，使人们逐步熟悉并过渡到使用 SI 词头的国际符号，我国法定计量单位规定了词头相应的中文名称和符号。但是汉语中没有类似词头这一种构词成分，汉语中只有数词，没有词头。例如表示加大一千倍的词头 kilo，其含义虽是“千”，但在汉语中有另外的数词来表示，作为词头的 kilo 不能代替数词“千”使用。

2. 法定计量单位和词头的符号

（1）法定计量单位的符号

法定计量单位的符号可用国际通用纯字母表示，也可用中文符号表示；但纯字母符号是全世界通用，所以应积极推荐使用纯字母表达符号。

① 计量单位用纯字母表达。当计量单位用字母表示时，一般情况单位符号字母用小写；当单位来源于人名时，符号的第一个字母必须大写，只有体积单位“升”特殊，这个符号可写成大写 L，也可写成小写 l。这是因为“升”的符号最早是小写的，由于小写的 l 与数

字 1 难以分辨，后来国际计量大会做出决议，“升”的符号可以写成大写 L，即大小写并用，这是国际单位制中唯一不是来源于科学家名字命名而使用大写的符号。该书写规定也适用于非国际单位制单位，如质量单位吨用“t”不用“T”，原子质量单位用“u” 不用“U”。

② 计量单位用中文符号表示。当计量单位用中文符号表示时，其组合单位的中文符号可直接用表示乘或除的形式，也可直接用数字“2”、“3”、“-1”等表示指数幂的形式，这是同组合形式计量单位名称的主要区别。非组合形式的计量单位其中文符号与单位名称的简称相同。例如：电流单位的中文全名称为“安培”，其简称为“安”，而“安”也是中文符号。没有简称的计量单位，其中文符号与单位名称相同。

③ 词头的表达形式。词头的符号用字母表达时，其形式只有法定计量单位所规定的一种，见表 1.3。

词头的符号用中文表达时，用词头的简称。如词头全称为艾[可萨]，其中文符号为“艾”。没有简称的用全称表达词头的中文符号，如“厘”的中文符号也是“厘”。

（2）组合单位符号的书面形式

① 相乘形式构成的组合单位符号的书面形式。以力矩单位为例，相乘形式构成的组合单位，其国际符号有两种形式：N • m，用居中圆点；Nm，紧排。其中文符号只有一种：牛 • 米。

一般来说，组合单位中不能加词头的单位不应放在最前面。如能量的单位“瓦特小时”的国际符号为“W • h”，不应为“h • W”。因为若用后者，将来这个单位在构成十进倍数和分数单位时会有困难。其次，若组合单位中某单位的符号同时又是词头符号，并可能发生混淆时，该单位也不能放在最前面。如力矩的单位应为 N • m，不宜写成 mN，以免误解为十进分数单位“毫牛”。

② 相除形式构成的组合单位符号的书面形式。以密度单位为例，相除形式构成的组合单位，其国际符号有下列三种形式：$kg/m^3$，用斜线；$kg \cdot m^{-3}$。用负指数将相除转化为相乘，乘号用居中圆点或紧排，其中文符号有千克/米$^3$和千克 • 米$^{-3}$两种。

一般情况下，分式形式和负指数幂的形式可任意使用，但在以下两种情况下则要限用：一是当可能发生误解时，应尽量采用分式形式或中间乘号用居中圆点表示的负指数幂形式。如速度单位“米每秒”的符号宜用“m/s”或“$m \cdot s^{-1}$”，而不宜用“$ms^{-1}$”，以免误解为“每毫秒”。二是当分子无量纲而分母有量纲时，一般不用分式而用负指数幂的形式。如波数的单位符号是 $m^{-1}$，一般不用 1/m。此外，在进行运算时，组合单位的除号可用水平横线表示。

③ 书写单位和词头应注意的事项

a）单位和词头符号所用的字母，不论是拉丁字母或希腊字母，一律用正体，无一例外。此外，还规定数学常数（如自然对数的底 e）、三角函数（sin、tan 等）也必须用正体。规定用斜体的有：量的符号（如 $A$ 表示面积，$F$ 表示力等）；物理常数符号（例如引力常数 $G$ 等）；一般函数 $f(x)$ 等。

b）单位和词头的符号尽管来源于相应的单位词语，但它们不是缩略语，书写时不能带省略点，且无复数形式。

一般地说，单位符号要比单位名称简单，但不能把单位符号加省略点作为单位名称的缩写。如果单位符号位于句末，后面可按语法要求加上实点，但该实点不能紧接在单位符号后面，应留出半个字的空位。还有在英文中，可数名词的复数形式是单数形式加词尾 s 或 es 构成（特殊例外），但是单位符号却无变化，不能加词尾 s 以表示复数。单位符号 ms 并不是表示复数形式，而是表示毫秒。

c）词头符号的字母表示因数，在 $10^6$ 以上为大写体，其余均为小写体，即 M（兆）以上的词头为大写体，共 5 个：M、G、T、P、E，其余均为小写体。

d）一个单位符号不得分开，要紧排。如摄氏度℃不得写成 $^{o}$C，压力单位 Pa 不得写成 P a。

e）词头和单位符号之间不留间隔，不加表示相乘的任何符号，也不必加圆括号。如面积单位“平方千米”的符号是 $km^2$，不应为 $k\cdot m^2$ 或 $k\times m^2$，也不必写为 $(km)^2$。

f）相除形式的组合单位，在用斜线表示相除时，单位符号的分子和分母都与斜线处于同一行内，不宜分子高于分母。当分母中包含两个以上单位时，整个分母一般应加圆括号，不能使斜线多于一条。如比热容的单位为 J/（kg • K），不能写为 J/kg/K。

g）单位与词头的符号按名称或简称读音。如 kg 应读成“千克”，而不应按 kg 的英文字母读音。

**3. 法定计量单位和词头的使用规则**

（1）单位名称与符号的使用场合

单位名称一般只用于叙述性文字中，单位符号则在公式、数据表、曲线图、刻度盘和产品铭牌等需要简单明了表示的地方使用，也可用于叙述性文字中。需要着重强调的是：

① 单位的简称在不致混淆的场合下可等效于全称使用，因此可以用于叙述性文字中。

② 国际符号可使用于任何场合。但国际符号仅用来表示相应的单位，不能借作文字使用。

③ 在符号使用时，应优先使用国际符号，中文符号一般只在初中、小学课本和普通书刊中使用。

（2）组合单位加词头的原则

① 相乘形式的组合单位加词头，词头通常加在组合单位中第一个单位前。

② 相除形式的组合单位加词头，词头通常应加在分子中第一个单位前，分母中一般不加词头。

③ 例外情况：a. 当组合单位中分母是长度、面积或体积单位时，分母中按习惯与使用方便，也可选用词头，使构成相应组合单位的十进倍数和分数单位。b. 分子为“1”的组合单位加词头时，词头只能加在分母单位上，且是在其中的第一个单位上。

（3）单位的名称或符号要整体使用

① 在书写或读音时，不能把一个单位的名称随意拆开，更不能在其中插入数值。

② 十进倍数和分数单位的指数，是对包括词头在内的整个单位起作用。

（4）不能单独使用词头

① 不能把词头当做单位使用。如“电容器的电容是 10μ”是不正确的，应改为“10μF”。

② 不能把词头单纯作为因数使用。如 $10^{-3}s^{-1}\neq 1ms^{-1}$，$1ms^{-1}=1(ms)^{-1}=(10^{-3}s)^{-1}=10^3s^{-1}$。

（5）词头不能重叠使用

如以往在书本中常见的毫微秒（mμs）应改为纳秒（ns）。但是，由于部分词头中的中文名称就是数词，用这些词表示数值再与有词头的单位连用，则不属于词头重叠使用。如“三千千瓦”中前面一个“千”字是数词，后一个“千”字是词头，因而“千千”不是词头重叠。

（6）限制使用 SI 词头的单位

① SI 词头不能加在非十进制的单位上。

② 在国家选定的 15 个非国际单位制单位中，只有“吨”、“升”、“电子伏”、“分贝”（词头加在分贝前）、“特克斯”共 5 个单位，有时可加 SI 词头。作为例外，摄氏温度单位“摄氏度”虽然是 SI 导出单位，但也不能加词头。

（7）避免单位的名称与符号以及单位的国际符号与中文符号的混用

① 单位的中文名称和中文符号不应混用。凡是单位名称则不应出现任何数学符号，其中所用的单位全要用名称（全称或简称均可）；凡是单位的中文符号，其中所用到的单位要全用该单位的简称，当没有简称时才用全称。

② 单位的国际符号和中文符号不应混用。

（8）量值的正确表述

一个量值均由数值和单位组成，在表述时应注意：

① 单位的名称或符号要置于整个数值之后。如 5～7 kg 不应写为 5 kg～7 kg；642+6mm 不应写为（642+6）mm。

② 十进制的单位一般在一个量值中只应使用一个单位。如 1.81 m 不应写为 1 m81 cm；对于非十进制的单位，允许在一个量值中使用几个单位。如 28°37′11″可以写成 3 h 45 min 15 s。

③ 选用倍数或分数单位时，一般应使数值处于 0.1～1000 范围内。如 0.00394m 应写为 3.94 mm，101 325 Pa 应写为 101.325 kPa。

④ 当数值位数较多时，由小数点向左或向右，每三位数留一空隙，以方便计数。如 2764532 m/s 应写为 2 764 532 m/s。

## 第二节　环境监测中的计量单位及使用方法

### 一、环境监测中常用计量单位

环境监测所涉及的计量单位及使用主要有以下四种情形：① 最常用的是浓度单位即质量浓度（mg/L、$mg/m^3$）、摩尔浓度（mol/L）或质量分数（mg/kg）等；② 部分监测项目与特定的计量单位关联，如温度（℃）、浊度（NTU）、林格曼黑度（级）等；③ 少数监测项目为无量纲的量，如 pH 值、臭气浓度等（无量纲的量在监测报告的计量单位一栏中以“无量纲”表示）；④ 针对不同的监测对象，使用不同的分析方法，或以不同对象作为参比物质，或项目的定义不同时，同一项目有多个计量单位，如色度（度和倍）、总大肠菌群（MPN/100mL 和 cfu/L）等。按监测类别区分，主要监测项目的常用计量单位见表 1.5。

**表 1.5 环境监测的常用计量单位**

| 监测领域 | 量的名称 | 单位名称 | 符号或英文表达 | 说明 |
|---|---|---|---|---|
| 水和废水 | 大部分监测项目 | 毫克每升 | mg/L | 痕量物质的浓度常用μg/L 表示 |
| | | 摩尔每升 | mol/L | |
| | 流量 | 吨每小时 | t/h | |
| | 臭 | 臭强度等级 | level | 文字描述法 |
| | | 无量纲 | dimensionless unit | 臭阈值法 |
| | pH 值 | 无量纲 | dimensionless unit | |
| | 电导率 | 西门子每米 | S/m | 实际使用单位为μS/cm |
| | 透明度 | 厘米 | cm | |
| | 色度 | 倍 | times | 稀释倍数法，结果需以稀释倍数值与文字描述相结合 |
| | | 度 | ° | 相当于铂-钴标准色列的色度 |
| | 浊度（浑浊度） | 散射浊度单位 | NTU 或 TU | 也有用福尔马肼浊度单位 FTU 表示 |
| | | 度 | ° | 自来水、海水常用浑浊度 |
| | 盐度 | 千分数或百分数 | ‰或% | 通常指 NaCl 的质量分数 |
| | 氧化还原电位 | 毫伏 | mV | |
| | 叶绿素 | 毫克每立方米 | $mg/m^3$ | |
| | 细菌总数 | 个菌群每毫升 | cfu/mL | |
| | 总大肠菌群<br>粪大肠菌群 | 每百毫升最可能数 | MPN/100mL | 多管发酵法 |
| | | 个菌群每升 | cfu/L | 滤膜法，多用于清洁水样，在环境监测中不常用 |
| | 发光菌急性毒性 | 毫克每升 | mg/L | 用氯化汞浓度表达样品毒性 |
| | | 稀释百分浓度或相对发光度 | % | 用 $EC_{50}$ 表达样品毒性 |
| 空气和废气 | 大部分监测项目 | 毫克每立方米 | $mg/m^3$ | 如需注明是标准状态干气体时，可在符号结尾处以（标•干）表示 |
| | 排放速率 | 千克每小时 | kg/h | |
| | 臭气浓度 | 无量纲 | dimensionless unit | |
| | 林格曼黑度 | 级 | level | |
| | 降尘量 | 吨每平方公里月 | t/（$km^2$ • 月） | |
| 室内空气 | 新风量 | 立方米每小时 | $m^3/h$ | |
| | 菌落总数 | 个菌群每立方米 | $cfu/m^3$ | |
| | 氡气 | 贝克每立方米 | $Bq/m^3$ | |

| 监测领域 | 量的名称 | 单位名称 | 符号或英文表达 | 说 明 |
|---|---|---|---|---|
| 土壤/沉积物/及固体废物 | 大部分监测项目 | 毫克每千克 | mg/kg | 干基质中物质的量，常量物质以质量分数表示 |
| | | 百分含量 | % | |
| | | 毫克每升 | mg/L | 浸出液中物质的量 |
| | 阳离子交换量 | 厘摩尔每千克 | cmol（+）/kg | |
| | 热灼减率 | 百分含量 | % | |
| | 总大肠菌群 | 每百克最可能数 | MPN/100g | 多管发酵法 |
| 煤质 | 灰分、硫分、挥发分、固定碳含量 | 百分含量 | % | |
| | 发热量 | 焦耳每克 | J/g | |
| 噪声 | 等效声级 | 分贝 | dB | 一般用等效连续 A 声级计，表示为 dB（A） |
| 振动 | 铅垂向 Z 振级 | 分贝 | dB | |
| 辐射 | 电磁感应强度 | 微特斯拉 | μT | 针对低频辐射 |
| | 辐射源功率密度 | 微瓦每平方厘米 | $\mu W/cm^2$ | 针对高频辐射 |
| | 工频 | 赫兹 | Hz | |
| | 电场强度 | 伏特每米 | V/m | |
| | 磁场强度 | 安培每米 | A/m | |
| | γ 辐射剂量率 | 格瑞每小时 | Gy/h | |
| 其他 | 水温、气温、烟气温度 | 摄氏度 | ℃ | |
| | 绝对湿度 | 克每立方米 | $g/m^3$ | |
| | 相对湿度 | 百分数 | % | |
| | 含水率、烟气含湿量 | 百分数 | % | |
| | 风速、流速 | 米每秒 | m/s | |
| | 气压 | 帕 | Pa | |
| | 风向或 GPS 定位坐标 | 度、分、秒 | °、′、″ | 报告中只风向一般用方位词表述；在作图中，坐标值宜换算为度 |
| | 二噁英及其类似物的毒性当量质量浓度或质量分数 | 纳克毒性当量每立方米或纳克毒性当量每千克 | $ngTEQ/m^3$<br>ngTEQ/kg | |

## 二、环境监测所用计量单位之间的换算

### 1. 常用和不常用的计量单位之间的换算

从表 1.5 可知，在环境监测中，部分项目在不同场合下需使用完全不同的计量单位，这些计量单位都是正确、有效的，有些在实际工作中是常用单位，有些虽然有效但并不常用。同一项目的不同计量单位之间有些可以换算，有些则不可换算，如色度的铂-钴比色法

和稀释倍数法，总大肠菌群的多管发酵法和滤膜法等。此外，土壤、沉积物和固体废物中同一化合物在浸出液中的含量与在干基质中的含量之间并不存在等量换算关系；噪声的等效声级以 A 声级计或 C 声级计时，其结果也不可相互换算。常用和不常用的计量单位及其换算式如表 1.6 所示。

**表 1.6　常用和不常用的计量单位的换算式**

| 量的名称 | 常用单位 | 不常用单位 | 换算式 |
|---|---|---|---|
| 硬度 | mmol/L | mg/L | 当水的硬度以 $CaCO_3$ 计时，<br>1 mmol/L = 100 mg/L（$CaCO_3$） |
| 浊度 | NTU，FTU | mg/L | 1NTU = 1FTU = 0.13 mg/L |
| 相对湿度 | % | g/m$^3$（绝对湿度） | 换算关系与露点温度和相对湿度测定时的环境温度有关，可查表得到 |
| 电导率 | μS/cm | S/m，mS/m | 1S/m=1 000 mS/m=10 000μS/cm |
| 盐度 | ‰ | mg/L | 1‰≈1 000 mg/L |
| [放射性]活度 | Bq | Ci | 1Bq= $2.703\times10^{-11}$Ci |
| 剂量当量 | Gy | rad | 1Gy= 100 rad |

### 2. 法定计量单位与非法定计量单位之间的换算

在环境监测发展过程中，曾经使用过许多非法定计量单位，如物质的绝对量用克分子数表示，相对量用 ppm、ppb 或当量浓度表示，硬度用德国度表示，气压用标准大气压或毫米汞柱表示，这些非法定计量单位虽然在特定场合有助于对特定量的理解，同时也便于测量和计算，但在国家以法规形式规定了法定计量单位后，在公开出版物和正式对外提供的监测报告中非法定计量单位已被废止。目前在空气质量自动监测的气体分析仪、现场监测中的便携式气体监测仪或污染源废气在线监测设备中，还是会发现气体的体积比浓度单位 ppm、ppb 等非法定计量单位仍在使用，究其原因，是因为在用质量浓度表示气体浓度时，虽然可方便地计算出被测气体的真正量，但质量浓度与被测气体的温度、压力等环境条件有关，在实际测量时需同时测定气体的温度和大气压力，而当以 ppm、ppb 表示气体浓度时，由于采取的是气体的体积比，测试结果不受气体温度和大气压力的影响，从而为气体分析仪的使用创造了有利条件。

表 1.7 给出了部分历史上曾经使用的或目前依然沿用的非法定计量单位及其换算式，以便于环境监测技术人员在查阅历史文献资料或将当前的监测结果进行历史同期比较时，能正确理解和使用此类非法定计量单位。

**表 1.7　法定计量单位与非法定计量单位的换算式**

| 量的名称 | 法定计量单位 | 非法定计量单位 | 换算式 |
|---|---|---|---|
| 气体浓度 | mg/m$^3$ | ppm，ppb（体积比） | 1 ppm= $M/V_m$（式中：$M$ 为被测气体的摩尔质量，g/mol；$V_m$ 为气体的摩尔体积，L/mol。在 0 ℃ 101.325kPa 状况下，$V_m$=22.4 L/mol）<br>1 ppm=1 000 ppb |

| 量的名称 | 法定计量单位 | 非法定计量单位 | 换算式 |
| --- | --- | --- | --- |
| 气压 | Pa | atm（标准大气压）<br>mmHg（毫米汞柱）<br>bar（巴） | 1 atm=101 325 Pa<br>1 mmHg=133.322 Pa<br>1 bar=$10^5$ Pa |
| 气温 | ℃ | ℉（华氏度） | 1℃=9/5℉ |
| 硬度 | mmol/L | $^{o}$dH（德国度）<br>mg/L（CaO） | 1mmol/L=5.6 $^{o}$dH=56.1 mg/L（CaO） |
| 阳离子交换量 | cmol（+）/kg | meq/100g | 1 cmol（+）/kg =1meq/100g |

## 三、关于环境监测中计量单位使用错误的解读

### 1. 对计量单位符号进行错误修饰

在表示污染源废气排放浓度和排放量时，常要用到“标准状态”和“干气体”等词语对计量单位进行标注，以往在环境监测工具书、讲义甚至是技术规范里曾经出现过不规范的计量单位符号有：“mg/Nm$^3$”、“NdL”、“Ndm$^3$/h”等。实际上，在上述例子中，N 和 d 分别要表达的意思是标准状态和干气体，但在 SI 基本单位和 SI 导出单位中，N 为力的计量单位符号，单位名称为牛[顿]；dm$^3$ 中的 d 为词头，表示的因数是 $10^{-1}$，dm$^3$ 是 m$^3$ 的千分之一，即常用的“L”。将 N 和 d 原本有特定意义的符号用于排放浓度和排放量的计量单位表示显然是错误的，这是对计量单位随心所欲地进行错误修饰，完全不符合《量和单位》（GB 3100～3102）有关“单位符号上不得附加任何其他标记或符号，不得附加表示量的特性和测量过程信息的标志”等规定。

### 2. 任意制造单位符号

在部分监测项目的计量单位使用中，常需要用到“月”这一时间量概念，因此就有人随意地把“mon”或“month”作为“月”的计量单位符号，并在组合单位中使用，如把降尘量的单位符号写成“t/（km$^2$ • mon）”。从表面上看，这种形式的组合单位符合“不应在组合单位中同时使用单位符号和中文符号”的规定，但实际上，在我国法定计量单位中根本没有“mon”或“month”这种表达时间量的单位符号。其实，当没有国际符号的单位与法定计量单位构成组合单位时，仍可使用汉字表示。因此，降尘量的单位符号“t/（km$^2$ •月）”是正确的。此外，在环境统计中，如果出现“万 t”、“万 m$^3$/a”也是允许的。

### 3. 被错误定义的单位

目前在许多环境质量标准或污染物排放标准中，微生物指标主要有细菌总数、总大肠菌群、粪大肠菌群及致病菌等。细菌总数的计量单位往往以“个/mL”或“个/g”表示，总大肠菌群和粪大肠菌群的计量单位常写成“个/100 ml”或“个/g”，而致病菌的计量单位在有些标准中根本没有给出，只写明了“致病菌不得检出”。事实上，在微生物检测中，细菌总数是指在一定条件培养后所得 1 ml 或 1 g 样品中所含菌落的总数，所得结果只包括在营养琼脂上生长的嗜中温性需氧的菌落总数，而不是指以“个”为计数的细菌数量，故细菌总数的计量单位应以 cfu/mL 表示。同理，用多管发酵法所得的总大肠菌群和粪大肠菌群值，也不是指在 1 ml 或 1 g 样品中一个个数出来的菌群数，而是按标准方法规定的检测步骤测得结果的统计数值，正确的计量单位应是 MPN/100 ml 或 MPN/100 g，其中 MPN

（Maximum Probable Number）的含义是大肠菌群最可能数，根据检测情况查 MPN 检索表得到。对于致病菌的计量单位，需要强调的是：即使在强制标准中规定为“致病菌不得检出”，也应该同时给出计量单位，以“个/mL”或“个/g”表示。

**4. 常见的计量单位符号书写体错误**

在环境监测报告和原始记录中，常见的计量单位符号书写体错误有：① 以人名命名的计量单位的首字母未大写，其中以电导率用科学家西门子命名的计量单位符号“S”误写为“s”最为典型，但“s”却正是 SI 基本单位“秒”的符号，两者切不可随意大写或小写；② 因数为 $10^3$ 的词头符号 k 误用大写体表示，如千克“kg”常误写为“Kg”；而因数为 $10^{-6}$ 的词头符号μ却常用小写英文字母 u 代替，如微克“μg”误写为“ug”等；③计量单位符号与环境监测其他常用符号未作区分，如在锅炉废气监测中，出力系数最好用斜体（*K*）表示，以区别于热力学温度单位开尔文（K）。

# 第二章　环境监测质量控制指标体系框架

## 第一节　环境监测质量控制体系现状

### （一）实验室监测质量控制体系现状

1. 国内现状

环境监测质量是环境监测工作的生命线。环境监测数据和信息是否具有代表性、准确性、精密性、可比性和完整性，不仅直接影响环境监测为环境管理服务的质量，而且影响环境执法的公正性和严肃性、政府环境决策的科学性，关系到国民经济可持续发展战略的正确实施，关系到公众环境知情权益的有效保障。

我国开展环境监测工作 30 多年来，一直致力于实验室质量控制措施的研究与改进。20 世纪 80 年代初期就开始在全国范围内推行质量保证和质量控制基本知识普及，并逐步建立技术规范和监测方法体系，开展监测技术研究，研发环境标准样品与质控样品等，逐步形成了以技术培训、质控考核和检查为主线的，具有中国特色的环境监测质量管理模式。

（1）全程序质量控制措施日趋完善

多年来，环境保护行政主管部门一直致力于环境监测技术规范和标准体系的发展与完善，我国的环境标准体系，尤其是监测分析方法标准逐步建立，仅 2000 年后国家在水和废水、大气和废气领域就颁布了 130 余项新的监测分析方法标准和监测技术规范，其中水和废水 73 个，正在制修订定的方法标准还有数百项。为保证环境监测方法标准制修订工作的质量，2010 年我国环境保护部重新修订并正式发布了《环境监测　分析方法标准制修订导则》（HJ 168—2010），从而进一步规范了环境监测分析方法标准的制修订工作。环境监测分析方法标准的制定，一方面为环境监测提供了技术依据，另一方面在标准的制修订过程中不同程度地加强了质量控制的内涵，为确保监测质量管理的实施提供了技术保障。监测方法和技术规范的颁布和修订，不仅拓展了环境监测技术领域，发展了环境监测新技术，而且以全程序质量控制的理念，丰富了各个环境监测环节的质量控制要求。从方法体系上看，环境监测标准方法不仅局限于实验室分析环节，在采样、样品保存与运输、前处理方法等方面也得到完善和加强；从方法内容上看，更加注重质量控制技术，从仪器和试剂要求到样品采集、样品保存、前处理方法、分析技术和数据处理，再到质量控制技术要求和措施等。多环节、全程序质量控制的理念，在重新修订的《环境监测 分析方法标准制修订》（HJ 168—2010）中得到体现。

全程序质量控制的各项措施，在环境监测以及质量控制的各项活动中得以实施，例如：

质量控制考核、能力验证、质量控制现场检查、样品比对测试、仪器设备检定校准、试剂检测及空白试验、标准样品测试等。

随着环境监测技术水平的发展和监测能力的不断提高，监测标准方法的发展进度还不能满足日益拓展的业务范围要求，环境监测质量控制技术研究也落后于仪器设备的发展进度，样品采集技术和装备水平、质量控制新技术的开发、环境标准样品的种类等方面还有很大发展空间。

（2）质量控制指标体系逐步建立

环境监测的质量控制指标是评价质量控制活动结果的主要依据，没有质量控制指标就会使得环境监测质量控制失去意义。无论是实验室内部的各种质控措施还是质控考核、能力验证等外部监督手段都是为了对监测数据合格率及质量水平进行判断和评价，而评价就需要有指标体系来支撑。

质量控制分为过程控制和结果控制，过程控制的内容主要在监测方法或技术规范中体现，结果控制的内容主要通过质量控制指标得以实施。随着环境监测技术的不断发展完善，参照国际上其他国家监测技术研究内容，我国逐步建立了质量控制指标体系。质量控制指标主要包括两个方面的内容：一是质量控制指标的内容，二是质量控制的指标限值。

我国的环境监测质量控制指标内容，就实验室分析测试而言，目前主要集中在精密度和准确度方面，精密度主要用实验室内和实验室间标准偏差、相对标准偏差和相对偏差表示；准确度主要用相对误差或加标回收率表示。就自动监测或在线监测而言，由于在我国的应用时间较短，研究还不太多，现行方法或规范中的内容，主要是借鉴先进国家的标准或技术文件。

质量控制指标限值的来源主要有两个方面，一是环境监测标准分析方法中的方法验证数据，二是各种专著中给出的环境监测质量控制指标。我国环境监测标准分析方法中都有方法验证数据，特别是《环境监测　分析方法标准制修订》（HJ 168—2010）中对方法验证实验室的数量和具体内容进行了明确规定，这些验证数据是按照监测标准方法实施监测活动质量的重要评价依据，也是确定质量控制指标的主要参考。严格地讲，质量控制指标限值应该根据监测活动的质量要求而变化。1984 年，《环境水质监测质量保证手册》（第一版）正式出版发行，我国有了第一部系统介绍环境监测质量保证和质量控制的专著；1987 年出版了《环境空气监测质量保证手册》，其中列出了一些监测项目的质量控制指标；2011 年出版的《地表水常规监测项目质量控制指标》，给出了地表水 26 个常规项目的多种质量控制指标建议值，建立了较为完善的地表水监测质量控制指标体系。

虽然我国的环境监测质量控制体系在不断完善和进步，但是，还存在许多不足之处，待研究的内容还很多。例如，一些监测项目还没有建立统一、可行的监测方法，质量控制技术研究还比较薄弱；现行的监测标准方法中的方法验证数据还不够全面，对监测方法可行性的支撑还不强；各种监测方法之间的差异比较大，质量控制内容还不完善；具有广泛性的质量控制指标限值还很缺乏，探索新的质量控制措施和技术势在必行。

虽然我国的监测方法中包括一些方法验证数据，其可以作为此方法进行监测时的重要依据，但是，方法验证数据与质量控制指标的概念不可等同。同时，质量控制指标的具体数值又会由于监测项目及环境介质有很大差异，目前的质量控制指标还比较零散，尚未形成系统的指标体系及评价体系，不利于指导监测活动有序可靠的开展，也无法保证监测数据的准确性和可比性。

面对越来越广泛的监测领域、不断发展和进步的监测技术和手段以及环境管理对监测质量控制措施的新要求，质量控制内容和质量控制指标等方面都包括许多亟待研究和解决的技术问题，构建实验室质量控制指标体系框架是目前环境监测质量管理工作的重要议题，亟需开展相关研究。

**2. 国外现状**

在美国，政府层面的环境保护由联邦政府和州政府两级机构负责，联邦政府所属的环保局（华盛顿总局）拥有 10 个区域分局（亦称地区办公室）和 16 个研究中心。区域分局代表联邦环保局行使管理职能，区域分局的“环境测量和评价办公室”，具有中国的省环境监测中心站的功能，其下属有“质量控制”、“分析调查”等部门，其职能之一是汇总质控检查样品的结果，对分析方法进行精密度研究，从而贯彻本地区的质量保证体系、确保得到可信的数据以满足决策需要。研究中心则对环境科学技术如分析方法、技术规范、质量保证/质量控制（QA/QC）程序等开展研究。

美国环境监测实验室大致分为三级，其中一级是 EPA 直属的三大实验中心，其职能是开发、制定标准分析方法，负责推行质量保证/质量控制（QA/QC）计划；二级实验室是 EPA 的合同实验室（CLP），多数是商业化的，现有数十个，主要是接受并执行 EPA 的合同项目（含超级拨款项目）；三级实验室是地区性实验室，主要接收区域性客户委托的项目。无论是二级实验室还是三级实验室均需通过 EPA 的资质认定。

在如此的机制下运行，环境监测质量得到较为有效的保障，通过多年的技术研究，形成了一套相对完善的质量体系。

美国环境监测的质量系统由三部分组成：政策、组织/计划及项目。政策是指各种与质量保证有关的法律、规章、指导文件等；组织/计划是指从事与环境监测相关工作的部门、团体、单位及同部门下的不同系统；项目是指具有不同目的，与收集环境数据有关的各类联邦、部门或地区的具体项目。

美国的环境监测项目都有各自的一套 QA/QC 体系。项目的 QA/QC 系统包括系统设计-数据质量目标（Data Quality Objective，DQO）、项目质量保证计划（Quality Assurance Project Plan，QAPP）、数据审核及确认、数据质量评价等。目的是在不浪费资源的前提下为数据使用者提供具有可辨性的数据。

数据质量目标（DQO）要求：对与收集环境数据有关的环境项目必须首先进行质量系统设计。目的是根据数据的用途确定其质量目标（DQO），确保工程项目一开始就走上正确的轨道，从而以合理的成本得到预期的、质量满足使用要求的数据。

项目质量保证计划（QAPP）要求：根据项目数据质量目标，编制该项目的项目质量保证计划（QAPP）。它是具体指导项目（环境数据收集）行动的纲要，目的是确保获得达到预期质量目标的数据。它叙述收集数据过程的计划，过程中采取的 QA/QC 措施和指标以及其他相关技术。

标准操作程序要求：在具体项目中，标准操作程序（Standard Operating Procedures，SOPs）是以附件的形式被列在 QAPP 里。它是一个组织规定重复性作业的操作过程，目的是为了使该重复性作业操作标准化，以适应技术和质量体系的要求，从而为数据质量提供有力保证。它的内容可以是一个分析过程、一个仪器维护过程或校准曲线的绘制过程，也可以是一个数据确认过程或报告编写过程。

数据审核及确认要求：数据审核包括原始数据审查及数据报告审查两部分。原始数据审查通常由同级或上级分析人员进行。审查内容包括样品名称、分析项目、定性定量结果是否正确，样品是否需要稀释，分析是否在有效期内完成，有关质控样品是否完全、是否达到质控指标，分析人员对异常现象的说明是否正确。数据报告的审查通常由实验室主任或质控官员进行。审查内容着重于样品信息和最终报告，包括由原始数据至样品浓度及检出限计算是否正确，根据原始数据计算出来的结果是否正确，质控数据是否达到合同指标，数据说明是否正确、完善。审查完毕将数据及对数据是否达到质控标准的说明一并报使用单位，使用单位要对数据进行确认。

数据质量评估要求：使用单位按照数据使用目的、样品的代表性及数据确认结果对所得到的数据是否满足项目需要所具有的可辨性进行综合评价，明确数据的适用范围。

日本的环境监测管理工作由环境省内设的环境监测管理机构——水/大气环境局负责，地方也都设有相应的环境监测管理机构，负责环境监测的资质管理、监测数据管理和统一发布。具体监测任务委托有资质的单位（政府机构或民间机构）承担。日本的监测技术标准由环境省批准，由国立环境研究所、研究机构、大学等研究制定。

## 二、环境质量自动监测质量控制体系现状

### 1. 环境空气自动监测质量控制体系现状

（1）国内现状

我国在 20 世纪 80 年代开始引进国外的系统设备，建立自动监测站。目前空气质量连续自动监测系统已覆盖地市级城市以及部分县级市。环境空气自动监测系统的质量控制与保证体系虽未同时配套建设，但在近几年也得到了高度重视和较快发展。

① 技术规范及规章制度逐步建立。我国于 2005 年颁布实施的《环境空气质量自动监测技术规范》（HJ/T 193—2005），对我国环境空气监测质量控制和质量保证体系中的标准传递、监测仪器设备的校准、空气质量自动监测仪器的性能审核等做了明确的规定，同时也对空气自动监测系统数据采集频率与有效值、日常维护、系统检修以及系统仪器验收等提出了要求。

中国环境监测总站于 2008 年发布了《环保重点城市环境空气自动监测质量管理规定（暂行）》（总站综字[2008]44 号），对总站、省级站及重点城市站在点位设置、标准物质传递、仪器质量控制、数据质量审查等方面做出了规定，进一步明确了各级监测机构在环境空气自动监测质量控制与保证工作中的职责。

各级监测单位依据技术规范，制定了本单位的空气自动监测子站运行管理规定、质控计划、巡检管理制度以及各种标准操作规程等，在一定程度上规范了自动站的运行和管理。同时还应看到，环境空气自动监测相关的技术规范及规章制度还在逐步完善之中，技术规范的执行力度及规章制度的落实情况不容乐观，应通过质控核查、培训等外部质控手段促进自动监测系统的更规范运行。

② 质量控制能力建设初见成效。“十一五”期间，全国省级站和部分地市级监测单位根据空气自动监测质控实验室技术规范要求，建设了空气自动监测质控系统（站），为全国环境监测系统开展一体化的、以可溯源标准传递为基础的质量保证和质量控制体系奠定了工作基础。但一些质控工作机制尚不完善，以臭氧监测为例，臭氧标准溯源与传递未在国家层面形成工作机制，各地溯源端不一，这就导致某个地方的监测数据具有一定可比性，在国家层面则可比性较差，或不具备可比性。因此，适用于全国监测系统的标准溯源与传递的工作机制亟需建立。

③ 质控指标体系逐步完善。随着《环境空气质量自动监测技术规范》（HJ/T 193—2005）与《环保重点城市环境空气自动监测质量管理规定（暂行）》（总站综字[2008]44 号）等规范的逐步建立，我国空气自动监测的质控指标体系也在逐步完善，对标准溯源与传递、仪器校准、标准操作规程等较为重视，形成了一定的指标体系，主要表现在子站点位布设及建设、子站采样系统、分析与质控仪器配置、系统（含子站仪器）运行维护、数据传输及审核等方面。目前与仪器相关的零跨漂移以及多点校准等指标框架已经建立，但针对自动监测全系统、全程序的质控指标体系尚有待系统化和标准化。

（2）国外现状

美国从 1953 年开始建立了国家空气监测网，用于鉴别空气质量和评价地区性、全国性空气污染发展趋势。20 世纪 70 年代后期，美国逐渐在全国范围内建立了空气质量自动监测系统。

美国 EPA 空气监测质量保证体系文献包括 EPA 的 QA 体系、联邦法典 40-CFR Part 50-53-58、空气监测质量保证手册以及相关文献等。美国 EPA 的空气监测技术的主要特点是监测方法标准化、系统化。其空气监测质量保证手册包括了空气质量监测各环节的质量保证指南，对提高环境空气监测质量、保证监测数据的准确性，具有较强的可操作性和指导作用，已成为全球空气监测系统 GEMS/AIR 质量保证的指南。美国环境空气监测质保手册还规定了国家空气监测网、州和地方空气监测网监测项目方法和各环节的质量保证指南。

加拿大环境空气监测网络所采用的分析方法以及质量保证和质量控制措施主要来源于美国 EPA 的质量保证手册。其主要内容涵盖了：监测网络和质量控制计划及管理、监测点位的选择、采样系统、站点和分析仪的运行、可追溯性校准和参考标准、仪器校准（规定了分析仪校准的基本要求，校准频次，校准程序、零点和跨度核查要求）、内部测试及审核、数据审查和确认、站点文件、人员培训要求及附录共十一部分。分析仪性能审核的合格或不合格标准是由是否符合斜率范围为 0.85～1.15 和截距的±3%判断。对于颗粒物采样器，其合格和不合格的标准是通过测试流量是否在给定值的±10%范围之内确定。

**2. 环境水质自动监测质量控制体系现状**

（1）环境水质自动监测质量控制技术现状

水质自动监测在我国已经有十多年的发展历史，已经成为我国重要水系、交接断面水质监督与预警的重要手段。

《国家地表水自动监测站运行管理办法》（总站水字[2007]182 号）从仪器校准、试剂配制与有效性检查、标准溶液核查、比对实验、数据审核、水站质控档案管理等六个方面，提出了国控地表水自动监测站的运行管理质量控制措施。除此之外，国内不少省份制定的水质自动监测系统运行管理办法也包括质量保证与质量控制要求。《江苏省环境水质（地表水）自动监测预警系统运行管理办法（试行）》（苏环办[2009]416 号）在质量保证与质量控制实施细则中，明确要求从水站建设、人员管理、仪器管理、耗材及试剂管理、比对试验、档案管理、数据审核、巡检和质量考核等环节实施质量控制。《广东省环境质量自动监测质量保证管理办法（试行）》（粤环函[2003]16 号）从仪器易损件更换和仪器清洗及仪器校准、计算机安全、远程数据检查、故障处理、仪器检修、档案管理、数据审核、仪器准确度和精密度检查、仪器线性检查和比对实验等方面规定了地表水水质自动监测的各项质量保证工作。2005 年，原四川省环境保护局组织制定了《四川省地表水水质自动监测系统管理办法（试行）》（川环发[2005]68 号），规定了水质自动监测仪器定期校准与校准频次、定期检查自动监测仪器零点漂移情况、试剂及标准溶液配制、比对试验、水站运行报告制度、信息管理和责任考核等各项质量控制措施。2011 年，为进一步加强水站的管理，促进水站的长期稳定运行，四川省环境监测中心站针对全省省控水站，制定了《四川省地表水水质自动监测系统运行管理实施细则（试行）》（川环监站[2011]136 号），该细则从人员、自动监测仪器、试剂、比对实验、数据审核、档案管理、巡检制度、质控考核等方面提出了各项质量保证与质量控制要求。

（2）环境水质自动监测质量控制措施现状

在水质自动监测系统的建设过程中，首先应考虑备选点所监测的水样在时间和空间上是否具有代表性，是否真实地反映所监测水体的质量状况，是否具有建站的基础条件以及建站成本等。其次，采水和配水单元的设计，应保证能准确地将水样引至样品池，并按照所测项目和各分析仪器的要求，将水样输送到各分析单元进行测试。第三，在选择自动监测仪器时，应充分考虑到自动监测仪器的性能是否满足相关要求，分析仪器是整个自动监测系统的核心部分，仪器性能的优劣关系到自动监测的数据质量。此外，要建设符合水站仪器设备安装及运行的站房，包括适宜的温度、湿度、供电保障以及站房安全保护等。

在水质自动监测系统的运行管理过程中，已经初步建立了一套相应的质量保证和质量控制体系，包括：① 人员素质和能力——人员应具备一定的技术基础，经过技术培训并持证上岗。② 管理与监督检查制度——建立技术记录、技术档案和相关文件的管理和监督检查等制度。③ 监测基础条件要求及监督机制——包括化学试剂、标准样品和标准溶液等的使用和管理。④ 仪器设备运行情况检查——建立定期检查和运行维护机制。⑤仪器校准和比对监测等溯源措施——定期进行监测仪器校准，定期开展手工比对工作。⑥监测数据合理性判断——实时跟踪检查数据，发现异常数据应及时判断和处理。⑦定期对数据精密度、准确度和标准曲线相关性等进行核查。

### 3. 环境噪声自动监测质量控制现状

我国的环境噪声监测以常规手工监测为主，其结果用于评价各城市的城市区域噪声和道路交通噪声总体水平，评价各类功能区的达标情况。目前我国噪声监测标准、规范等技术体系已基本建立，但还不完善。一是有些标准、规范修订不及时；二是尚未建立噪声自动监测的相关标准、规范。噪声自动监测技术从监测方法到监测软硬件系统技术要求都无相关国家标准。

国外一些发达国家在噪声监测方面主要以自动监测为主，并绘制噪声地图表征噪声分布情况。国外噪声自动监测在机场噪声监测和固定噪声源监测中应用最为广泛。目前，世界许多城市的机场建立了飞机噪声自动监测系统，实现了对飞机噪声的实时管理。国外比较大型的国际机场均建立有飞机噪声自动监测系统，各类飞机的起降噪声由自动监测系统自动监测，并直接与机场塔台联网，以确定其是否超标。日本已能做到对固定噪声源进行自动监测，随时随地监控各噪声源对周围环境的干扰情况，确定是否需要对其收费、限期治理甚至责令其停产。新加坡在建筑施工噪声控制方面，采用全天候噪声自动监测系统，有效地起到了对建筑施工噪声的监控作用。

我国近几年部分城市建设了一些全天候噪声自动监测系统。例如，江西省南昌市环境保护局于 2006 年开始实施建筑施工工地噪声自动监测系统管理。总体上看，我国环境噪声监测自动化程度低，噪声自动监测刚刚起步，在环境噪声自动监测的质量控制方面，尚未建立起相关的技术规范或标准，质量控制体系还未形成，属于当前噪声自动监测系统的技术空白，亟待研究。

## 三、污染源连续（在线）监测质量控制现状

随着环境监测技术水平的不断发展和提高，环境监测技术手段得到不断拓展，污染源连续（在线）监测技术得到迅速发展。

污染源自动监控系统包括自动监控设备和监控中心两部分，其中自动监控设备是指在污染源现场安装的用于监控、监测污染物排放的仪器、流量（速）计、污染治理设施运行记录仪和数据采集传输仪等仪器、仪表。监控中心是指环境保护部门通过通信传输线路与自动监控设备连接的用于对重点污染源实施自动监控的软件和硬件等。

为保障污染源自动监控系统的正常运行，获得准确、可靠的监测数据，自动监测系统的安装与调试、运行管理、数据的有效性判定及数据的传输等过程，都需要有相应的质量控制要求和质量保证措施，以确保系统稳定正常运行。

### 1. 管理制度及技术规范不断完善

为加强污染源自动监控系统的管理，切实保障污染源自动监控系统的质量控制和质量保证工作，环保部先后颁布了多项相关法律法规、管理制度。其中，《污染源自动监控管理办法》（环保总局第 28 号令）在自动监控系统的建设，自动监控系统的运行、维护和管理等方面提出了相关质量控制要求，明确指出：建设自动监控系统时，自动监控系统的设备及数据采集和传输系统应符合国家有关技术规范的要求；在系统运行和维护过程中，操作人员的管理、自动监控设备的使用及运行、比对监测、系统记录、设备维护等方面都要达到管理办法的要求。

为进一步加强对污染源自动监控设施运行的监督管理，保证污染源自动监控设施正常运行，环保部颁布了《污染源自动监控设施运行管理办法》（环发[2008]6 号），对污染源自动监控设施的运行和维护等方面提出了具体的技术要求，主要包括：人员培训、操作规程、岗位责任、定期比对监测、定期校准维护记录、运行信息公开、设施故障预防和应急措施等。

2. 比对监测与数据审核等质控措施不断加强

污染源自动监测设备比对监测是保证污染源自动监测数据准确性的有效措施和重要环节，是《国家重点监控企业污染源自动监控系统考核规程》重要的技术支持。为充分发挥污染源自动监测设备的监测、监控作用，保证其监测数据的科学性、准确性、可靠性和合法性，对污染源自动监测设备必须实施严格的比对监测及质量控制。

《国家重点监控企业污染源自动监测数据有效性审核办法》和《国家重点监控企业污染源自动监测设备监督考核规程》（环发[2009]88 号）为确保国控企业污染源自动监测数据的有效性提供了管理依据和技术指导，也为进一步加强污染源自动监测系统的质量控制和质量保证工作提供了有力的技术支撑。

3. 积极探索新模式，逐步建立综合性质量控制体系

此外，一些地方政府在污染源自动监控系统方面也出台了相应的管理办法。如《湖南省污染源自动监控管理办法》(湖南省人民政府令 第 203 号)对自动监控系统的安装调试、比对监测校验、设备的维护运营等环节提出了质量控制和质量保证要求。沈阳市目前对污染源自动监控系统主要采用系统标识、定期巡检、设备标定、系统定期维护、及时维修等方式，保证系统的正常运行，确保结果准确可靠。在现有基础上，对污染源自动监控系统的质量保证技术开展相关的研究，通过建立在线监控运行标准管理模式，引入在线监控标准化管理，完善污染源在线监控质量控制技术标准，研发大型数据库和污染源自动监控质量保证和质量控制系统，从污染源自动监控质量保证控制技术共享的需求出发，搭建综合性的污染源在线监控质量保证控制体系。

尽管目前针对污染源自动监控系统的质量控制和质量保证工作已经出台了不少相关的管理制度和技术标准、规范，但由于系统建设、技术因素、人员管理和仪器运营维护等多方面的原因，污染源自动监控设备普遍存在运行效率不高、比对监测过程中自动监测和手工监测数据吻合性欠佳、自动监测数据有效性和可利用性不高等问题，技术和管理都需要进一步完善。

## 第二节 环境监测质量控制指标体系框架

### （一）环境监测实验室质量控制指标体系框架

1. 监测点位

监测点位应根据监测对象、污染物性质和数据的预期用途等，按国家环境保护标准、环境保护行业标准和其他的国家标准、相关技术规范和规定进行设置，保证监测信息的代表性和完整性。样本的时空分布应能反映主要污染物的浓度水平、波动范围和变化规律。重要监测点位应设置专用标志。

2. 样品采集

应按照相关规定，在指定地点进行样品采集，必要时使用定位仪。采样或分装样品时，应设法避免局地污染和人为活动污染。应在现场详细填写采样记录单，记录有可能影响采样过程的重要信息及异常情况、样品状态和偏离情况等。样品应有唯一性标识。

应对采样准备工作和采样过程进行质量监督，例如：采样使用的流量计应经过校准，采样器的材质应该符合技术规定要求，样品应该按规定的方法采集、保存和运输，采样记录和有关数据资料应该完整等。

3. 样品运输

样品运输过程中应采取措施保证样品性质稳定，避免沾污、损失和丢失。在样品运输前，应将容器盖盖紧。装箱时应用泡沫塑料等分隔，以防破损。同一采样点的样品应尽量装在同一个箱子中。根据采样点的地理位置以及每个项目确定分析前最长的保存时间，选择适宜的运输方式等。

4. 样品保存

对有特殊保存要求的样品应有满足其要求的设施，应有防水、防火和防盗等安全保密措施，保证样品的质量。样品应分区（待测、已测和留样等）存放，并应有明显标识，以免混淆。样品保存需控制的主要因素有保存时间、固定剂和容器等。

（1）保存时间

样品采集后应尽快送到实验室分析，通过冷藏/冷冻或添加化学固定剂可延长样品的保存时间，一般水样根据监测项目的不同可以存放 12 h～30 d 不等。

（2）固定剂

通过控制溶液 pH，加入抑制剂、氧化剂或还原剂，可以阻止样品因生物、物理或化学因素引起某些组分的浓度变化。

样品固定剂如酸、碱或其他试剂应在采样前进行空白试验，其纯度和等级必须达到分析要求。

（3）容器

不同的监测项目应该使用不同材质的采样容器，主要有硬质玻璃和聚乙烯两种材质。

5. 空白样品

空白样品（包括全程序空白、采样器具空白、运输空白、现场空白和实验室空白等）测定结果一般应低于方法检出限。空白值明显偏高时，应仔细检查采样和分析各环节引起沾污的原因，消除其影响因素，必要时重新采样。

（1）全程序空白

分析方法的全程序空白值是指除用蒸馏水或去离子水替代水样外，其他所加试剂和分析步骤均与测定样品完全相同的操作过程所测得的结果。用于检验样品从采集至分析全过程是否符合质量控制要求。

（2）采样器具空白

在新购置采样器具或开展新的痕量监测项目时，须做采样器具空白。采样前应抽检采样器具空白。用于检验采样器具的玷污情况和稳定情况。

（3）运输空白

作为运输空白的容器与采样用的容器在同样条件下一同运往采样地点，但不参与采样，采样过程后与样品在同样条件下运回实验室，同样条件下存储，其所加试剂和分析步骤均与测定样品完全相同的操作过程所测得的结果。用于检验样品运输和储存期间带来的玷污。

（4）现场空白

用于做现场空白的容器在采样过程中放置在采样点，与样品添加同样体积的保存剂。其分析步骤均与测定样品完全相同的操作过程所测得的结果。

用于掌握采样过程中采样器具和环境条件及保存剂的纯度等对样品质量的影响。

（5）试剂空白

试剂空白为试剂的分析步骤均与测定样品完全相同的操作过程所测得的结果。用于检验试剂的玷污及所含待测组分的情况。

（6）培养基空白

定期开展培养基质量检验，包括无菌检验、阳性检验和阴性检验，检验频次每年不少于 1 次。若更换培养基和生化试剂供应商、批次及型号时，应相应增加培养基的质量检查。

（7）实验室空白

以空白代替实际样品，其分析步骤与所加试剂样品测定完全相同的操作过程所测得的值叫做实验室空白。影响空白值的因素有：试剂纯度、器皿清洁程度、计量仪器性能条件及环境条件、分析人员的操作水平和经验等。一个实验室在严格的操作条件下，对某个分析方法的空白值通常在很小的范围内波动。

空白值的测定方法是每批做平行双样测定，分别在一段时间内（隔天）重复测定一批，共测定 5～6 批。一般按每批次样测定 2 个或 2 个以上平行空白样来控制空白值频度。以 2 个空白测定值的相对偏差≤50%来评价空白值精密度指标是否合格。

**6. 校准曲线**

校准曲线包括标准曲线和工作曲线，前者用标准溶液系列直接测量，没有经过预处理过程；后者所使用的标准溶液经过了与样品相同的前处理及分析过程。

校准曲线中各浓度点不得少于 5 个（不含空白），浓度范围应涵盖样品的测定范围。

采用校准曲线法进行定量分析时，须对校准曲线的相关性、精密度和置信区间进行统计分析，检验斜率、截距和相关系数是否正常。校准曲线 $y=a+bx$ 的相关系数一般应大于或等于 0.999；截距 $a$ 一般应小于或等于 0.005（减测试空白后计算）；当 $a$ 大于 0.005 时，将截距 $a$ 与 0 作 $t$ 检验，当置信水平为 95%时，若无显著差异，也为合格。否则需从分析方法、仪器设备、量器、试剂和操作等方面查找原因，改进后重新绘制校准曲线。

若因为方法原因而使校准曲线的相关系数小于 0.999，可以用与样品浓度相近的标准溶液进行单点校准。当实验条件受限或有困难时（例如现场测试，或工作量大等），可考虑在分析样品时选用原校准曲线的两个适当浓度（以测定上限浓度的 0.3 倍和 0.8 倍各一份为宜）同时测定，以校核原有校准曲线，其相同浓度点响应值的相对差值应小于 5%。采用校准曲线法进行定量分析时，仅限在其线性范围内使用。

标准曲线不得长期使用，更不得相互借用。一般情况下，校准曲线应与样品测定同时进行，特别是原子吸收法和原子荧光法等方法。

**7. 初始校准和连续校准**

初始校准和连续校准适用于色谱-质谱联用等大型仪器分析。

（1）初始校准

用含目标组分的至少 5 个浓度水平点来做初始校准，最低的浓度点应该是最小报告检出限。最高浓度点应该是接近校准范围的上限。浓度范围应反映实际样品的含量。校准点之间的浓度不要超过 1 个数量级。当连续校准不能通过或整个系统发生较大变化（如仪器维修，衬管或色谱柱更换等）时，则应重新进行初始校准。

（2）连续校准

连续校准时使用 1 种或多种初始校准中的分析浓度。合格判别标准是±20%（80%～120%）的校准标准值（已知的值或期望值）。若达不到判别标准，重新分析连续校准标准或重复初始校准。连续校准仅用于检验初始校准，不用作样品的定量。它是通过分析校准标准，来检验仪器性能与初始校准相比有无明显变化。一般每 12 h 或每 20 个样品进行一次连续校准。

### 8. 检出限

较常使用的检出限有方法检出限和测定下限。

（1）方法检出限

方法检出限（MDL）是用特定分析方法在给定的置信度内可从样品中定性检出待测物质的最低浓度或最小量。受仪器灵敏度、稳定性、空白值及其波动的影响。在样品分析前要测定方法检出限，至少每年分析一次 MDL，MDL 分析至少 3～6 d，以获得更为可靠的 MDL。测定 MDL 时需包括样品前处理。

分光光度法：某些分光光度法是以吸光度（扣除空白）为 0.010 相对应的浓度值为检出限。

色谱法：以检测器恰能产生与基线噪声相区别的响应信号所需进入色谱柱物质最小量为检出限，一般为基线噪声的 2 倍。

离子选择电极法：当校准曲线的直线部分外延的延长线与通过空白电位且平行于浓度轴的直线相交时，其交点所对应的浓度值即为离子选择电极法的检出限。

（2）测定下限（最小定量限）

测定下限（MQL）是能够准确定量的最小浓度，定义为 MDL 的 4 倍。小于 MQL 的化合物报告写为<MQL，小于 MDL 的报告为 ND（未检出）。

方法检出限和测定下限的估算方法见 HJ 168—2010。

### 9. 平行样

平行样包括现场平行样和实验室平行样。

（1）现场平行样

取样时同时取两个样品，分别测定，用于判断现场是否能提供具有代表性的样品。通常现场平行样应至少占样品总数量的 10%。

（2）实验室平行样

测定来自一个样品的两个试料。随机抽取一定比例的样品进行平行双样测定。一批样品的数量较少时，应增加平行样的测定率。通常，平行双样的评价指标用计算相对偏差来判定，反映的是分析结果的精密度。不同监测项目其相对偏差的合格范围也不同。

### 10. 加标回收

加标回收包括空白加标、基体加标和基体加标平行以及替代物加标回收。

在测定样品的同时，于同一样品的子样中加入一定量的标准物质进行测定，将其结果扣除样品的测定值，计算回收率。应在样品前处理之前加标，加标样品与样品在相同的前处理和测定条件下进行分析。在实际应用时应注意加标物质的形态、加标量和加标的基体。加标量一般为样品浓度的 0.5～3 倍，且加标后的总浓度不应超过分析方法的测定上限；样品中待测物浓度在方法检出限附近时，加标量应控制在标准曲线的低浓度范围。加标样后样品体积应无显著变化，否则应在计算回收率时考虑这项因素。加标回收在一定程度上能反映测量结果的准确度。每批相同基体类型的样品应随机抽取一定比例样品进行加标回收测定。

（1）空白加标

空白加标在与样品相同的前处理和测定条件下进行分析。

（2）基体加标和基体加标平行

在样品前处理之前加标，加标样品与样品在相同的前处理和测定条件下进行分析。在实际应用时需注意加标物质的形态应一致；加标量一般为样品浓度的 0.5～3 倍，且加标后的总浓度不超过分析方法的测定上限。所得结果既可以反映测试结果的准确度，也可以判断其精密度。每批相同基体类型的样品应随机抽取一定比例样品进行加标回收及其平行样测定。

（3）替代物加标回收

采用气相色谱、液相色谱、气相色谱-质谱和电感耦合等离子体质谱等痕量分析方法对多个目标化合物或元素进行测定时，可以在每个样品预处理前加入替代物，用替代物的加标回收率评价样品分析过程中测量结果的准确度。

**11. 标准样品/标准物质比对分析**

标准样品/标准物质应与样品同步测定。进行质量控制时，标准样品/标准物质不应与绘制校准曲线的标准溶液来源相同。

将标准样品/标准物质的测定结果与其保证值相比较，以评价分析方法的准确度或检查实验室（或操作人员）是否存在系统误差。有证标准样品/标准物质的测定结果应在其给定的不确定度范围内。所得绝对误差或相对误差是准确度的一个评定指标。

**12. 仪器设备量值溯源**

对监测结果的准确性或有效性有影响的仪器设备（系统），包括辅助测量设备（例如用于测量环境条件的设备），应有量值溯源计划并定期实施，并在有效期内使用。

**13. 质量控制图**

质量控制图是通过图形的方法，显示质量根据特性随时间变化的波动曲线，并分析和判断是由于偶然原因还是由于系统性原因造成的质量波动，从而提醒操作者作出准确判断和提出有效对策，消除系统性原因的影响，使操作工序处于稳定而又动态运行的控制统计方法。

## 二、环境质量自动监测质量控制指标体系

### 1. 环境空气自动监测质量控制指标体系

环境空气自动监测质量控制指标体系框架，是一个包括点位布设、站房建设、采样系统、标准溯源、校准、性能审核以及数据采集与传输等过程中以监测系统正常运行和监测

数据准确可靠为目标的完整体系。

（1）点位布设

点位布设的指标主要包括点位周围环境因素和点位数量。

点位周围环境因素主要考虑以下因素：监测点与污染源间、点式监测仪器采样口周围、监测光束附近或开放光程监测仪器发射光源到监测光束接收端之间是否有阻碍环境空气流通的障碍物，从采样口或监测光束到附近最高障碍物之间的水平距离，采样口周围水平面的捕集空间范围等。此外，监测点周围环境状况还应相对稳定，安全和防火措施有保障；监测点附近无强大的电磁干扰，有稳定可靠的电力供应。

点位数量设置应综合考虑建成区城市人口数量、建成区面积等因素。例如，人口小于10万人、建成区面积小于20 $km^2$须设置1个监测点。

（2）站房建设指标

站房建设指标主要包括站房主体建筑、站房内环境和附属设施等。

站房为无窗或双层密封窗结构，墙体应有较好的保温性能，有条件时，门与仪器房之间应设有缓冲间，以保持站房内温湿度恒定并防止灰尘和泥土带入。站房面积大小以保证操作人员操作和仪器维修为原则，一般不少于10 $m^2$。

站房内环境主要包括室内温度、相对湿度以及供电、安全防护、防水防潮等指标。室内温度控制在25℃±5℃，相对湿度控制在80%以下，供电系统应配有电源过压、过载和漏电保护装置，必要时应有稳压装置，应有防雷电和防电磁波干扰的措施，一般站房地层应离地面（或房顶）一定距离以做到防水防潮。

站房房顶设置气象杆或气象塔时，气象杆、塔与站房顶的垂直高度应大于2m，并且气象杆、塔和子站房的建筑结构应能经受10级以上的风力（南方沿海地区应能经受12级以上的风力）。

（3）采样系统指标

采样系统指标主要包括：采样口位置、采样系统维护保养等指标。

采样口位置设置应考虑以下因素：采样口或监测光束距离地面高度；采样口距建筑物墙壁、屋顶等支撑物表面的长度；开放光程监测仪器光程通过区域及距离；多个采样口间的距离；空气质量评价点中点式仪器采样口与道路之间最小间隔距离；开放光程监测仪器监测光程长度的测绘误差以及仪器发射端至接收端之间的光束角度。

采样系统应定期清洗。每次采样总管清洗完后，都应做检漏测试。

垂直层流式采样总管每年至少清洗一次；竹节式采样总管每6个月至少清洗一次；总管到监测仪器采样口之间的气路管线每年至少清洗一次；$PM_{10}$采样头至少每两个月清洗1次；开放光程监测仪器应每半年至少清洁一次发射/接收端的前窗玻璃窗镜。

（4）标准溯源指标

标准溯源指标包括流量、渗透管、臭氧发生器、零气发生器以及气象传感器、分析天平、精密电阻箱和标准万用表等指标。

① 流量。使用经国家计量部门质量检验和标准传递过的一级标准流量测定装置（含皂膜流量计、湿式流量计和活塞式流量计）对用于现场校准和标定的传递标准（含质量流量计或电子皂膜流量计等）进行流量校准和标定。

溯源周期按照国家有关规定进行质量检验和标定，一般周期为一年。

② 渗透管。作为工作标准的渗透管在有效期内可以不做标准传递。若超过有效期，在6个月内必须进行至少1次标准传递或再鉴定。应对渗透管恒温装置的温度读数进行质量传递，渗透率的自然对数与温度应呈线性关系。

渗透管应放置在带有干燥剂且密封严密的干燥容器中，低温储存。

③ 臭氧发生器。现场校准设备（如多气体校准仪）中的工作标准臭氧发生器，最好选用内含紫外光计和反馈控制装置的臭氧发生器（一级标准臭氧发生器），也可以用质量检验和标准传递过的臭氧发生器（二级标准臭氧发生器）进行标准传递和标定。

用于传递标准的臭氧发生器至少每两年进行一次质量检验和标准传递。用于监测现场的工作标准臭氧发生器至少每年进行一次标准传递。

④ 零气发生器。零气发生器中的温度控制器在出现报警或维修和更换热敏及温控器件后必须用工作标准做一次标定；应定期检查零气发生器的温度控制和压力部件是否正常，气路是否漏气。

若零气发生器内的空气压缩机不带自动滤水装置，应及时排空空气压缩机储气瓶中的积水，定期观察滤水阀中积水是否已到警戒线，接近警戒线时应立即排干。零气发生器的性能指标应满足《环境空气质量自动监测技术规范》（HJ/T 193—2005）等技术规范中的相关要求。

⑤ 气象传感器、分析天平、精密电阻箱和标准万用表等。根据国家有关规定，定期对标准气象传感器、分析天平、精密电阻箱和标准万用表等计量仪器进行质量检验和标准传递。

（5）校准指标

校准指标包括零跨漂移、多点校准、流量和标准膜重现性等。

① 零跨漂移。应定期进行单点校准，控制零跨漂移在一定的范围内。

《环境空气质量自动监测技术规范》（HJ/T 193—2005）中零漂和跨漂的控制要求分别为$\pm 5\times10^{-9}$/24 h（体积分数，以$NO_2$、$SO_2$和$O_3$为例）和$\pm 10\times10^{-9}$/24 h（体积分数，80%跨漂，以$NO_2$、$SO_2$和$O_3$为例）。美国EPA的要求均为±1倍标准偏差。

对于不具备自动校零/校跨的系统，《环境空气质量自动监测技术规范》（HJ/T 193—2005）要求零跨检查频次为每5～7天进行一次。对于新安装的监测仪器，EPA要求频繁进行零跨检查和单点质控检查，每天一次或者每周三次。

② 多点校准。应定期进行多点线性校准，控制校准曲线的线性。

苏州市、珠江三角洲、加拿大以及我国《环境空气质量自动监测技术规范》（HJ/T 193—2005）对校准曲线回归相关系数的要求分别是$r>0.990$、$r>0.995$、$r>0.995$和$r>0.999$。珠江三角洲、加拿大与《环境空气质量自动监测技术规范》（HJ/T 193—2005）对斜率的要求分别为0.850～0.950或1.050～1.150（合格）、0.85～0.94或1.06～1.15（满意）以及0.99～1.01。珠江三角洲、加拿大与《环境空气质量自动监测技术规范》（HJ/T 193—2005）对截距的要求分别为$a\leq$满量程±3%（满意）、$a\leq$满量程±3%（满意）以及$a\leq$满量程±1%。

《环境空气质量自动监测技术规范》（HJ/T 193—2005）、珠江三角洲、苏州市、美国

EPA 与加拿大要求多点校准的周期均是至少每半年进行一次；《环境空气质量自动监测技术规范》（HJ/T 193—2005）要求开放光程仪器至少每年进行 1 次多点校准（等效浓度）。

③ 流量。应定期对流量测定仪器进行校准，采样流量偏差应控制在一定范围之内。

《环境空气质量自动监测技术规范》（HJ/T 193—2005）、珠江三角洲、苏州市、美国 EPA 与加拿大要求采样流量偏差均为小于设定流量的±10%。

珠江三角洲要求每季度检查一次流量，《环境空气质量自动监测技术规范》（HJ/T 193—2005）、上海市、美国 EPA 与加拿大要求每半年进行一次流量检查。

④ 标准膜重现性。应定期进行标准膜的重现性检查，重现性应满足一定的要求。

《环境空气质量自动监测技术规范》（HJ/T 193—2005）、珠江三角洲和上海市要求标准膜重现性分别控制在≤±2%～±5%标准值范围内，美国 EPA 要求控制在 1μg 之内。

标准膜重现性的检查频次为每年一次。

（6）性能审核指标

性能审核指标包括精密度和准确度。

① 精密度。$SO_2$、$NO_2$、$O_3$ 和 CO 监测仪器采用标准气体测定的方式进行精密度审核，通过仪器读数与标气实际体积分数比较结果确定。$PM_{10}$ 监测仪器采用流量测定的方式进行精密度审核，通过流量测定值与监测仪器设定值比较结果确定。

《环境空气质量自动监测技术规范》（HJ/T 193—2005）、珠江三角洲和美国 EPA 对气体分析仪精密度的要求一般为 95%的可信度区间≤±15%；《环境空气质量自动监测技术规范》（HJ/T 193—2005）、珠江三角洲和美国 EPA 对颗粒物分析仪精密度的要求一般为 95%的可信度区间≤±15%。

《环境空气质量自动监测技术规范》（HJ/T 193—2005）、珠江三角洲和美国 EPA 要求精密度检查频次为每 3 个月 1 次至每年 1 次（气体分析仪）、每 3 个月 1 次（$PM_{10}$ 分析仪）。

② 准确度。$SO_2$、$NO_2$、$O_3$ 和 CO 监测仪器采用标准气体测定的方式进行准确度审核，通过仪器读数与标气实际体积分数比较来确定。$PM_{10}$ 监测仪器的准确度审核采用标准滤膜检测或与经典重量法比对方式进行。

对于气体分析仪，我国《环境空气质量自动监测技术规范》（HJ/T 193—2005）要求 95%可信区间≤±20%，美国 EPA 与珠江三角洲并不计算准确度，但要求线性关系，$a$<满量程±2%；对于 $PM_{10}$ 分析仪，国内一般要求 95%可信区间≤±20%，美国 EPA 则要求为审核标准的±4%、设计流量的±5%。

对于气体分析仪准确度审核，《环境空气质量自动监测技术规范》（HJ/T 193—2005）、珠江三角洲、上海市以及美国 EPA 均要求每年一次；$PM_{10}$ 分析仪准确度审核，除《环境空气质量自动监测技术规范》（HJ/T 193—2005）要求每年一次外，其余均要求每半年一次。

（7）数据采集与传输指标

数据采集与传输指标包括通讯方式、数据存储、数据传输、采集与传输系统的环境适应能力、数据导出及保密性能等。以保证连续、快速、可靠、安全地采集、传输和存储为总目标。

2. 环境水质自动监测质量控制指标体系

环境水质自动监测的质量控制指标框架，是一个在水质自动监测系统建设、运行管理过程中以自动监测系统正常运行和监测数据准确可靠为目标的完整体系。

（1）点位布设

点位布设包括站房基本条件可行性、水质代表性、站点长期性、运行经济性以及管理规范性等指标。

应具备土地、交通、通讯、电力、自来水及地质等方面良好的基础条件；应根据监测的目的和断面的功能，保证采集样品具有较好的水质代表性；站点应不受城市、农村和水利等建设的影响，有比较稳定的水深和河流宽度，保证系统长期运行，应具备较为安全、可靠的周围环境；便于承担管理任务的监测站日常运行和管理。

（2）采配水系统指标

采水单元一般包括采水构筑物、采水泵、采水管道、清洗配套装置和保温配套装置。应综合考虑站点地理环境、水文状况和水位变化、取水管道长度和管径大小等因素确定采水地点，应根据实际情况配备必要的保温、防冻、防压、防淤和防藻等措施，减少水质指标在传输中发生变化。

配水单元一般分为流量和压力调节、预处理及系统清洗三个部分。配水单元应要满足不同仪器设备对水流和水压的要求，例如采用膜电极法测定溶解氧时，应保证流速要求，否则测试数据也会偏低。

（3）仪器性能指标

仪器性能指标包括零点漂移、量程漂移和重现性（或精密度）。

应定期进行零点和量程的单点校准，定期进行重现性检查。通过标准溶液核查的方式实施质量控制，各种水质自动监测仪器的性能指标要求如表 2.1 所示。

表 2.1 水质自动监测仪器性能指标要求

| 仪器名称 | 性能指标 | | |
|---|---|---|---|
| | 重现性（或精密度） | 零点漂移 | 量程漂移 |
| 化学需氧量 $COD_{Cr}$ 水质在线自动监测仪 | ±10% | ±5mg/L | ±10% |
| pH 水质自动分析仪 | ±0.1pH | pH=9，漂移±0.1pH；<br>pH=7，漂移±0.1pH；<br>pH=4，漂移±0.1pH； | |
| 电导率水质自动分析仪 | ±1% | ±1% | ±1% |
| 浊度水质自动分析仪 | ±5% | ±3% | ±5% |
| 溶解氧（DO）水质自动分析仪 | ±0.3mg/L | ±0.3mg/L | ±0.3mg/L |
| 高锰酸盐指数水质自动分析仪 | ±5% | ±5% | ±5% |
| 氨氮水质自动分析仪（电极法） | ±5% | ±5% | ±5% |
| 氨氮水质自动分析仪（光度法） | ±10% | ±10% | ±10% |
| 总氮水质自动分析仪 | ±10% | ±5% | ±10% |
| 总磷水质自动分析仪 | ±10% | ±5% | ±10% |
| 总有机碳（TOC）水质自动分析仪 | ±5% | ±5% | ±5% |

（4）比对测试质量控制指标

比对试验是指采用手工监测方法与水质自动监测仪器法同步进行监测，用手动监测结果验证自动监测结果的准确性。

比对监测结果的主要考核指标包括实际水样比对试验的相对偏差和标准样品测定的准确度，应定期进行。

实际水样的比对监测每月至少 1 次，相对偏差应满足表 2.2 中要求。

表 2.2　水质自动监测仪器实际水样比对试验相对偏差的要求

| 仪器名称 | 实际水样比对试验相对偏差 |
|---|---|
| 化学需氧量（$COD_{Cr}$）水质在线自动监测仪 | 相对误差绝对值的平均值≤15% |
| pH 水质自动分析仪 | ±0.1pH |
| 电导率水质自动分析仪 | ±1% |
| 浊度水质自动分析仪* | ±10% |
| 溶解氧（DO）水质自动分析仪 | ±0.3 mg/L |
| 高锰酸盐指数水质自动分析仪 | ±10% |
| 氨氮水质自动分析仪（电极法和光度法） | ±10% |
| 总氮水质自动分析仪 | ±10% |
| 总磷水质自动分析仪 | ±10% |
| 总有机碳（TOC）水质自动分析仪 | ±5% |

注：* 我国浊度的标准监测分析方法（GB 13200—91）和推荐方法的原理与浊度在线自动分析仪的原理不尽相同，在新国家标准方法或推荐方法出台之前，可暂不做此项。

手工监测方法应优先采用国家标准方法或行业标准方法，没有国家标准方法和行业标准方法时，可采用行业内公认的监测方法。

**3. 环境噪声自动监测质量控制指标体系**

环境噪声自动监测质量控制指标体系主要包括：点位布设、固定站建设指标、仪器性能指标、比对监测质量控制指标和系统维护指标。

（1）点位布设

点位布设的指标主要为点位周围环境因素和点位的数量等。

点位周围环境因素应考虑满足以下条件的要求：监测点高度，与任一反射面的距离，监测点不应妨碍正常社会行为，应避开易受大风、大雨等影响的临时性设施或建筑，监测点附近无强大的电磁干扰，有稳定可靠的电力供应，环境状况应相对稳定，安全和防火措施有保障；在室外空旷区域设点还应考虑加装避雷设施等。

点位数量设置应以城市经济状况及实际管理需求为主，按中国环境监测总站发布的《声环境质量监测技术规定》中的城市功能区监测点位数量要求执行。

（2）固定站建设指标

固定站建设指标主要是结构设计。

固定站架杆和支架应为防腐防锈全金属材质；结构应能承受风速 30 m/s 的风不损坏；有可靠的防雷电设计；有降低磁场、静电场影响的设计；有防振动影响的设计；架杆和支架应有方便检修和校准的设计。固定站的安装、材质与结构的有效设计寿命应大于 20 年。

（3）仪器性能指标

仪器性能指标包括设备的技术要求和仪器的校准。

自动监测系统的仪器设备主要包括传声器和监测终端。传声器的灵敏度、本底噪声、最大测量声压级、指向性和环境特性以及风罩抗风能力都必须符合《声环境质量监测技术规定》的要求。监测终端必须能够涵盖常规监测所有指标；能够实现自我校准；数据能够自动存储、传输；自动授时、机箱设计、可靠性等都要满足《声环境质量监测技术规定》的要求；相对湿度 0～100%，环境温度−23～49℃可正常工作。

在对自动监测系统校准时，除自动电校准外还应定期（一般每季度一次）进行声校准。在降雨、强风过后和温湿度变化梯度较大的情况下也应进行声校准。如监测值出现急剧升高、降低或连续不变的情况，应进行系统检查，排除故障后仍需进行声校准确认。

（4）比对测试质量控制指标

使用计量认证合格的声级计在与自动监测点相同的位置进行同步手工监测，监测前需要进行校准，用手动监测结果验证在线自动监测结果的准确性和稳定性。

比对监测应定期进行，保证每月至少 1 次。

（5）系统维护指标

系统维护指标主要包括监测点位的巡检和监控中心的检查。

对监测点位应定期进行巡检，包括检查仪器的接地线路是否可靠；在经常出现强风暴雨的地区，应经常检查避雷设施是否可靠，户外传声器及延长电缆、风罩、气象杆等是否被损坏，保证系统能安全运行；检查监测仪器的运行状况和工作状态参数是否正常；记录巡检情况等。

监控中心的日常检查工作应包括：每日检查中心计算机与各子站的数据传输情况是否正常；每日应对各子站至少调取一次数据，若发现某子站数据不能调取，应立即查明原因并及时排除故障；每日应对各子站的时钟和日历设置进行检查，若发现时钟和日历错误应及时调整；定时自动远程检测系统，远程检查系统与各子站仪器的运行状况是否异常，每日至少 1 次自动电（声）校准，并储存校准结果；定期备份系统的监测数据等。

## 三、污染源连续（在线）监测质量控制指标体系

污染源连续（在线）监测质量控制指标体系，是一个在连续（在线）监测系统安装、运行管理、系统维护等过程中以保障连续（在线）监测系统正常运行和监测数据准确可靠为目标的完整体系。

### 1. 水污染源连续（在线）监测质量控制指标体系

水污染源连续（在线）监测质量控制指标体系包括：站房建设指标、采样取水系统指标、仪器与设备指标、比对监测质量控制指标和系统校验指标。

（1）站房建设指标

站房的建设指标包括：站房面积、与采样点距离、室内环境与安全条件等。

站房面积以保证操作人员操作和仪器维修为原则，一般不少于 7 $m^2$。

站房应尽量靠近采样点，与采样点的距离不宜大于 50 m。

站房的室内环境与安全条件包括清洁条件、环境温度、相对湿度、配电安全与保障、供水安全与保障、消防安全等。具体要求应做到：站房应密闭，保证站房内清洁；环境温度、相对温度和大气压等应符合 ZBY 120 的要求；具有安全合格的配电设备，保证电压稳定；应有合格的给、排水设施；应配备有灭火设施；应有完善规范的接地装置和避雷措施。

（2）采样取水系统指标

采样取水系统指标包括：管路设置、管路材料与防护和管路清洁等。

采样取水系统应尽量设在废水排放堰槽取水口头部的流路中央，采水的前端设在下流的方向，测量合流排水时，在合流后充分混合的场所采水，保证采集有代表性的水样。应尽量缩短输送管路长度。

采样取水系统管路材料应保证水样无变质地输送分析仪器或样品保存容器，采样取水系统应具有自动清洗功能和过滤设施，应符合流量要求并设防冻设施。

（3）仪器与设备指标

属强制检定范围的仪器应按相关要求定期送检，并在检定合格有效期内使用。非强制检定的仪器应按照相关校准规程定期校准或核查，并在有效期内使用。

应定期进行仪器运行情况检查、现场维护和保养，保证仪器正常运行，一年中仪器的运转率应达到 90%；仪器设备出现故障时应在 24h 内修复。

（4）比对测试质量控制指标

比对监测是指采用手工监测方法与在线自动监测仪器法同步监测，用手动监测结果验证在线自动监测结果的准确性。

比对监测结果的主要考核指标包括实际水样比对试验的相对误差和质控样的测试准确度。

比对监测应定期进行。实际水样比对监测每季度至少 1 次；季节性生产企业，在生产期内比对监测 4 次。每月应至少进行一次质控样试验。

手工监测方法应优先采用国家标准方法或行业标准方法，没有国家标准方法和行业标准方法时，可采用行业内公认的监测方法；比对监测应在确保企业正常生产工况的前提下保证采样时间和采样点位置一致，并实施同步采样分析；监测仪器和备用仪器在使用和运行之前应进行校验和比对试验；当实际水样 $COD_{Cr}<30$ mg/L 时，以约 20 mg/L 的质控样代替实际水样进行 $COD_{Cr}$ 的比对监测；质控样测试应采用国家认可的质控样，并用两种浓度的质控样，一种为接近实际废水浓度的样品，另一种为浓度超过相应排放标准的样品。

实际水样比对的试验结果应满足表 2.3 中的相对误差要求。当实际水样比对试验或校验的结果不满足相关要求时，应立即重新进行第 2 次比对试验或校验。连续三次结果不符合要求，应采用备用仪器或手工方法监测。质控样测定的相对误差不大于标准值的±10%，否则应对系统进行校准。

（5）系统校验指标

系统校验指标包括零点漂移、量程漂移和重复性等指标。

零点漂移和量程漂移校验每季进行一次。每 48 h 自动进行总有机碳（TOC）、氨氮、总磷、化学需氧量（$COD_{Cr}$）和紫外（UV）吸收水质自动在线监测仪的零点和量程校正。

表 2.3 水污染源在线监测系统实际水样比对试验的相对误差

| 仪器类型 | | 实际水样比对试验相对误差 |
|---|---|---|
| 化学需氧量 $COD_{Cr}$ 在线自动监测仪 | | ±10%（$COD_{Cr}$<30 mg/L） |
| | | ±30%（30 mg/L≤$COD_{Cr}$<60 mg/L） |
| | | ±20%（60 mg/L≤$COD_{Cr}$<100 mg/L） |
| | | ±15%（$COD_{Cr}$≥100 mg/L） |
| 总有机碳 TOC 水质自动分析仪 | | ±10%（$COD_{Cr}$<30 mg/L） |
| | | ±30%（30 mg/L≤$COD_{Cr}$<60 mg/L） |
| | | ±20%（60 mg/L≤$COD_{Cr}$<100 mg/L） |
| | | ±15%（$COD_{Cr}$≥100 mg/L） |
| 紫外（UV）吸收水质自动在线监测仪 | | ±10%（$COD_{Cr}$<30 mg/L） |
| | | ±30%（30 mg/L≤$COD_{Cr}$<60 mg/L） |
| | | ±20%（60 mg/L≤$COD_{Cr}$<100 mg/L） |
| | | ±15%（$COD_{Cr}$≥100 mg/L） |
| 氨氮水质自动分析仪 | 电极法 | ±15% |
| | 光度法 | ±15% |
| 总磷水质自动分析仪 | | ±15% |
| pH 水质自动分析仪 | | ±0.5 |
| 温度计 | | ±0.5℃ |

除流量外，每季应对所有自动分析仪至少进行 1 次重复性试验。

总有机碳（TOC）水质自动分析仪、紫外（UV）吸收水质自动在线监测仪每月还应进行 $COD_{Cr}$ 转换系数的验证。当废水组分或工况发生较大变化时，应及时进行转换系数的确认。

零点漂移、量程漂移和重复性误差等性能指标要求如表 2.4 所示。

表 2.4 水污染源连续（在线）监测仪器零点漂移、量程漂移和重复性误差等性能指标要求

| 仪器类型 | 性能指标 | | |
|---|---|---|---|
| | 重复性误差 | 零点漂移 | 量程漂移 |
| 化学需氧量 $COD_{Cr}$ 在线自动监测仪 | ±10% | ±5 mg/L | ±10% |
| 总有机碳 TOC 水质自动分析仪 | ±5% | ±5% | ±5% |
| 紫外（UV）吸收水质自动在线监测仪 | ±4% | ±2% | ±4% |
| 氨氮水质自动分析（电极法） | ±5% | ±5% | ±5% |
| 氨氮水质自动分析（光度法） | ±10% | ±5% | ±10% |
| 总磷水质自动分析仪 | ±10% | ±5% | ±10% |
| pH 水质自动分析仪 | ±0.1 | — | ±0.1 |

### 2. 固定污染源连续（在线）监测质量控制指标体系

固定污染源连续（在线）监测质量控制指标体系包括：点位布设、样品采集、现场测试、仪器与设备、比对监测的质量控制指标、系统校准指标和系统维护指标等。

（1）点位布设

固定污染源连续（在线）监测系统应安装在能准确可靠地采集具有代表性样品的位置。一般位于固定污染源排放控制设备的下游；应优先选择在垂直管段和烟道负压区域，避开烟道弯头和断面急剧变化的部位（便于安装）；应避免烟气中水雾和水滴的干扰，不受环境光线和电磁辐射的影响；安装在高空位置时，应采取措施防止雷击事故发生。

点测量 CEMS 的测量点位应符合下列条件之一：① 颗粒物 CEMS 的测量点位离烟道壁的距离不小于烟道直径的 30%，气态污染物 CEMS、氧气 CMS 以及流速 CMS 的测量点位离烟道壁距离不小于 1 m；② 位于或接近烟道断面的矩心区。

线测量 CEMS 的测量点位应符合下列条件之一：① 颗粒物 CEMS 的测量点位所在区域离烟道壁的距离不小于烟道直径的 30%，气态污染物 CEMS、氧气 CMS 以及流速 CMS 的测量点位离烟道壁距离不小于 1 m；② 中心位于或接近烟道断面的矩心区；③ 测量线长度大于或等于烟道断面直径或矩形烟道的边长。

采样孔的位置、数目和大小应符合相关技术要求，满足采集代表性样品的需要。具体要求见表 2.5 至表 2.7。

**表 2.5　圆形烟道分环及测点数的确定**

| 烟道直径/m | 等面积环数 | 测量直径数 | 测点数 |
|---|---|---|---|
| ＜0.3 | | | 1 |
| 0.3～0.6 | 1～2 | 1～2 | 2～8 |
| 0.6～1.0 | 2～3 | 1～2 | 4～12 |
| 1.0～1.2 | 3～4 | 1～2 | 6～16 |
| 2.0～4.0 | 4～5 | 1～2 | 8～20 |
| ＞4.0 | 5 | 1～2 | 10～20 |

**表 2.6　测点距烟道内壁的距离（以烟道直径 *D* 计）**

| 测点号 | 环数 | | | | |
|---|---|---|---|---|---|
| | 1 | 2 | 3 | 4 | 5 |
| 1 | 0.146 | 0.067 | 0.044 | 0.033 | 0.026 |
| 2 | 0.854 | 0.250 | 0.146 | 0.105 | 0.082 |
| 3 | | 0.750 | 0.296 | 0.194 | 0.146 |
| 4 | | 0.933 | 0.704 | 0.323 | 0.226 |
| 5 | | | 0.854 | 0.677 | 0.342 |
| 6 | | | 0.956 | 0.806 | 0.658 |
| 7 | | | | 0.895 | 0.774 |
| 8 | | | | 0.967 | 0.854 |
| 9 | | | | | 0.918 |
| 10 | | | | | 0.974 |

表 2.7 矩（方）形烟道的分块和测点数

| 烟道断面积/$m^2$ | 等面积小块长边长度/m | 测点总数 |
|---|---|---|
| ＜0.1 | ＜0.32 | 1 |
| 0.1～0.5 | ＜0.35 | 1～4 |
| 0.5～1.0 | ＜0.50 | 4～6 |
| 1.0～4.0 | ＜0.67 | 6～9 |
| 4.0～9.0 | ＜0.75 | 9～16 |
| ＞9.0 | ≤1.0 | 16～20 |

（2）样品采集

样品采集过程中，主要考虑的指标有系统的密封性、气体的流速变化、采样的体积及其他相关采样参数。

排气参数测定和样品采集之前，应对采样系统的密封性进行检测。采样系统密封性的技术参数应符合仪器说明书中的要求。

颗粒物采样原则上采用等速采样方法，采样过程跟踪率要求达到 1.0±0.1，否则应重新采样。采用固定流量采样时，应重复测定废气流速，当采样前后流速变化大于±20%时，应重新采样。

气态污染物采样时，应根据被测成分的状态及特性选择冷却、加热、保温措施，并按照分析方法中规定的最低检出浓度选择合适的采样体积。使用吸收瓶或吸附管系统采样时，吸收或吸附装置应尽可能靠近采样管出口，并采用多级吸收或吸附。当末级吸收或吸附检测结果大于吸收或吸附总量 10%时，应重新设定采样参数进行监测。当采样管道为负压时，不可用带有转子流量计的采样器采样。测定去除效率时，处理设施前后应同时采样。不能同时采样时，各运行参数及工况控制误差均不得超过±5%。

（3）现场测试

现场直接定量测试的仪器在测试前后应测量零点，当零点发生漂移大于仪器规定指标时，需重新测定。

温度测量时，监测点尽量位于烟道中心。温度计最小刻度应至少为 1℃，实测温度应在全量程 10%～90%的范围内。

用奥氏气体分析仪测定烟气成分时，应按 $CO_2$、$O_2$、CO 的顺序进行测定，不得反向操作。

排气压力测定时，应先调节零点，进行气密性复查，“S”形皮托管的全压孔要正对气流方向，偏差不得超过 10°。

（4）仪器与设备

① 仪器与设备的检定和校准。属于强制检定目录内的计量器具，必须按期检定，并在检定合格证书有效期内使用。

排气温度测量仪表、斜管微压计、空盒大气压力计、真空压力表（压力计）、转子流量计、干式累积流量计、采样管加热温度、分析天平、采样嘴、皮托管系数等至少半年自行校正一次。校正方法按 GB/T 16157—1996 中第 12 章执行。

定电位电解法烟气（$SO_2$、$NO_x$、CO）测定仪，应根据仪器使用频率，每 3 个月至半年校准一次。在使用频率较高的情况下，应增加校准次数。采用仪器量程 20%～30%、50%～60%、80%～90%处浓度或与待测物相近浓度的标准气体校准，仪器示值偏差要求不高于±5%。

比对采样使用的烟气分析仪必须配有符合国家标准规定的烟气前处理装置（如加热采样枪和快速冷却装置等）。烟气分析仪使用前，应用洁净空气校准仪器零点，此外还必须每次现场使用标准气体检查准确度，并记录现场校验值，仪器校正示值偏差应不高于±5%。

测氧仪至少每季度检查校验一次，使用高纯氮检查其零点，用干净的环境空气应能调整其示值为 20.9%（在高原地区应按照当地空气含氧量标定）。

定电位电解法烟气测定仪和测氧仪的电化学传感器寿命一般为 1～2 年，若发现传感器性能明显下降或已失效，必须及时更换传感器，送计量部门重新检定后方可使用。

自动烟尘采样仪和含湿量测定装置的温度计、电子压差计、流量计应定期进行校准。

② 监测仪器设备的质量检验。监测仪器设备的质量应达到相关标准的规定，烟气采样器的技术要求见 HJ/T 47—1999，烟尘采样器的技术要求见 HJ/T 48—1999。

应对微压计、皮托管和烟气采样系统进行气密性检验，按 GB/T 16157—1996 进行检漏试验。

空白滤筒称量前应进行检查，以保证滤筒清洁和安装后的气密性。

应严格检查皮托管和采样嘴，发现变形或损坏者不能使用。

气态污染物采样时，应选择合适的采样管、连接管和滤料，应不影响样品质量，不被排气成分腐蚀，且能在排气温度和气流下保持工作需要。

吸收瓶应严密不漏气，多孔筛板吸收瓶鼓泡要均匀，在流量为 0.5 L/min 时，其阻力应在 5 kPa±0.7 kPa。

（5）比对监测的质量控制指标

比对监测是指采用手工监测方法与在线自动监测仪器法同步监测，用手动监测结果验证在线自动监测结果的准确性。

比对监测的质量控制指标包括准确度、相对准确度、相对误差与绝对误差等。

比对监测的项目有烟气温度、烟气流速、氧量和污染物实测浓度（颗粒物、$SO_2$、$NO_x$）。

比对监测应定期进行。国家重点监控企业安装的固定污染源烟气 CEMS 的比对监测每年至少 4 次，即每季度 1 次。比对监测采样点位应尽可能与自动在线监测设备保证一致。气态污染物比对监测结果判定时，应用至少 6 个数据的手工测试平均值与自动在线监测仪器分钟平均值进行比较，颗粒物浓度、烟气流速和烟温等项目样品比对数量至少 3 对，代表整个烟道断面平均值的数据进行比较。比对监测结果应满足表 2.8 中的各项指标要求。

**表 2.8　比对监测结果的指标要求**

| 监测项目 | 指标 | |
|---|---|---|
| 颗粒物 CEMS | 准确度 | 当参比方法测定烟气中颗粒物排放质量浓度时：<br>≤50 mg/m³ 时，绝对误差不超过±15 mg/m³；<br>＞50 mg/m³ 且≤100mg/m³ 时，相对误差不超过±25%；<br>＞100 mg/m³ 且≤200 mg/m³ 时，相对误差不超过±20%；<br>＞200 mg/m³ 时，相对误差不超过±15% |

| 监测项目 | 指标 | |
|---|---|---|
| 气态污染物 CEMS | 准确度 | 当参比方法测定烟气中二氧化硫、氮氧化物排放浓度时：<br>≤20 μmol/mol，绝对误差不超过±6 μmol/mol；<br>>20 μmol/ mol 且≤250 μmol/mol 时，相对误差不超过±20%；<br>>250 μmol/mol 时，相对准确度≤15%。<br>当参比方法测定烟气中其他气态污染物排放浓度时：相对准确度≤15% |
| 流速 | 相对误差 | 流速>10 m/s 时，不超过±10%；<br>流速≤10 m/s 时，不超过±12% |
| 烟温 | 绝对误差 | 不超过±3℃ |
| 氧量 | 相对准确度 | ≤15% |

（6）系统校准

系统校准指标主要包括零点漂移、量程漂移、相关系数、准确度、精密度、相对误差、绝对误差等。

① 零点漂移指标。应定期进行零点漂移校准。

具有自动校准功能的颗粒物 CEMS 和气态污染物 CEMS 每 24 h 至少自动校准一次仪器零点；具有自动校准功能的流速 CMS 每 24 h 至少自动校准一次仪器的零点；无自动校准功能的颗粒物 CEMS 每 3 个月至少用校准装置校准一次仪器的零点；直接测量法气态污染物 CEMS 每 30 天至少用校准装置通入零气和接近烟气中污染物浓度的标准气体校准一次仪器的零点；无自动校准功能的气态污染物 CEMS 每 15 天至少用零气和接近烟气中污染物浓度的标准气体或校准装置校准一次仪器零点；无自动校准功能的流速 CMS 每 3 个月至少校准一次仪器的零点；抽取式气态污染物 CEMS 每 3 个月至少进行一次全系统的校准，要求零气和标准气体与样品气体通过的路径（如采样探头、过滤器、洗涤器、调节器）一致。

颗粒物 CEMS 的 24 h 零点漂移不超过满量程的±2.0%，气态污染物 CEMS 的 24 h 零点漂移不超过满量程的±2.5%。

② 量程漂移指标。应定期进行量程漂移校准。

具有自动校准功能的颗粒物 CEMS 和气态污染物 CEMS 每 24 h 至少自动校准一次仪器跨度；具有自动校准功能的流速 CMS 每 24 h 至少自动校准一次仪器的跨度；无自动校准功能的颗粒物 CEMS 每 3 个月至少用校准装置校准一次仪器的跨度；无自动校准功能的流速 CMS 每 3 个月至少校准一次仪器的跨度。

颗粒物 CEMS 的 24 h 量程漂移不超过满量程的±2.0%，气态污染物 CEMS 的 24 h 量程漂移不超过满量程的±2.5%。

③ 颗粒物 CEMS 特定指标。颗粒物 CEMS 的校准指标除了零点漂移和量程漂移指标外，还包括相关系数、置信区间、允许区间和准确度等指标。

校准曲线的相关系数应≥0.85（当测量范围上限≤50 mg/m$^3$ 时，相关系数≥0.75）；5%的置信水平区间应落在距校准曲线适合的颗粒物排放浓度限值±10%的两条直线组成的区间内，置信区间半宽≤15%；允许区间半宽≤30%；用参比方法测定烟气中颗粒物排放质量浓度，当排放浓度≤50 mg/$m^3$时，绝对误差≤15 mg/$m^3$，当排放浓度＞50 mg/$m^3$时，相对误差不超过±25%。

④ 气态污染物 CEMS 特定指标。气态污染物 CEMS（含 $O_2$或 $CO_2$）的校准指标除了零点漂移和量程漂移指标外，还包括线性误差和准确度指标。

用低、中、高浓度的标准气体检查时，CEMS 测定值与参比值的相对误差不超过±5%；用参比方法测定烟气，二氧化硫、氮氧化物排放浓度＜50 μmol/mol 时，绝对误差不超过±15 μmol/mol，浓度＜250 μmol/mol 时，绝对误差不超过±20 μmol/mol；浓度≥250 μmol/mol 时，相对准确度≤15%。

⑤ 流速连续测量系统。流速连续测量系统的校准指标包括速度场系数精密度和速度相对误差。

速度场系数精密度应优于 5%；当流速＞10 m/s 时，速度相对误差不超过±10%，流速≤10 m/s 时，速度相对误差不超过±12%。

⑥ 温度连续测量系统。温度连续测量系统的示值偏差不超过±3℃。

⑦ 湿度连续测量系统。由氧传感器测定烟气含氧量计算烟气中水分含量时，需符合氧连续测量系统技术指标。

由湿度传感器测定烟气中水分含量，当参比方法测定烟气中水分含量≤5.0%时，CEMS 法与参比方法测定结果平均值的绝对误差应不超过±1.5%；水分含量＞5.0%时，绝对误差应不超过±25%。

（7）系统维护

应定期进行系统维护。

系统维护的指标包括光学镜面的清洁度、光路的准直度以及设备的保养等。

污染源停炉到开炉前应及时到现场清洁光学镜面。每 30 天至少清洗一次隔离烟气与光学探头的玻璃视窗，检查一次仪器光路的准直情况；对清吹空气保护装置进行一次维护，检查空气压缩机或鼓风机、软管、过滤器等部件。每 3 个月至少检查一次气态污染物 CEMS 的过滤器、采样探头和管路的结灰和冷凝水情况、气体冷却部件、转换器、泵膜老化状态。每 3 个月至少检查一次流速探头的积灰和腐蚀情况以及反吹泵和管路的工作状态。

# 第三章　环境监测方法与质量控制

## 第一节　环境监测方法现状分析

### 一、环境标准

环境标准是环境保护法规体系的重要组成部分。环境标准是为了防治环境污染，维护生态平衡，保护人体健康，对环境保护工作中需要统一的各种技术规范和技术要求，按照法定程序制定的各种标准的总称。根据原国家环境保护总局颁布的《环境标准管理办法》，环境标准分为国家环境标准、地方环境标准和国家环境保护总局标准。国家环境标准包括国家环境质量标准、国家污染物排放标准（或控制标准）、国家环境监测方法标准、国家环境标准样品标准和国家环境基础标准。地方环境标准包括地方环境质量标准和地方污染物排放标准（或控制标准）。

**1. 环境质量标准**

环境质量标准是为保护自然环境、人体健康和社会物质财富，限制环境中的有害物质和因素，并考虑经济、技术条件，对环境中有害物质和因素所作的限制性规定。环境质量标准是制订污染物排放标准的基础，是确定监测点位和断面、确定采样方法和频次、确定分析方法和开展环境质量评价的重要依据。

**2. 污染物排放标准**

污染物排放标准是为实现环境质量目标，结合技术经济条件和环境特点，对排入环境中的污染物和产生危害的其他因素所作的限制性规定。污染物排放标准是建设项目设计、施工、验收和投产后或建成后的重要执行标准，是企业和个人排放污染物的重要限制条件。我国的污染物排放标准有国家标准和地方标准，地方排放标准应符合以下两点：① 国家标准中所没有规定的项目；② 国家污染物排放标准中已作规定的项目，地方标准应严于国家标准，以起到补充、完善的作用。

**3. 环境监测方法标准**

环境监测方法标准是指为统一环境保护工作中的各项试验、检验、采样、分析、统计、计算和测定方法所作的技术规定。被环境质量标准和污染物排放标准等强制性标准引用的方法标准，具有强制性。

**4. 环境标准样品标准**

为保证环境监测数据的准确、可靠，对用于量值传递或质量控制的材料、实物样品研制形成标准样品。标准样品在环境监测工作中的主要作用包括：对监测人员进行质量控制考核或技术能力考核；校准、检验或评价分析仪器；配制标准溶液；分析方法验证；控制操作技术规范化等。环境标准样品标准就是对环境标准样品的各项技术指标所作的技术规定。

5. 环境基础标准

环境基础标准是对在环境标准化工作中，需要统一的技术术语、符号、代号（代码）、图形、指南、导则信息及编码等所作的技术规定。制定环境基础标准是制订其他环境标准的基础。

6. 环保仪器设备标准

为了保证污染治理设备的效率以及环境监测数据的可靠性和可比性，对环境保护仪器和设备的技术要求所作的统一规定即为环保仪器设备标准。

## 二、环境监测方法标准现状

环境监测是运用物理、化学和生物等技术手段，对环境中的污染物及其有关的组成成分进行定性、定量和系统的综合分析。环境监测方法是一切监测活动的重要基础。广义上的环境监测方法包括：布点和采样方法、样品处理方法、分析测试方法、数据处理方法和评价方法等。狭义上的环境监测方法特指分析测试方法，按其原理可分为四类：化学分析法、光谱分析法、色谱分析法和电化学分析法。化学分析法包括重量分析法和容量分析法等；光谱分析法包括紫外分光光度法、红外分光光度法、原子吸收光谱法、原子发射光谱法、X 射线荧光分析法和荧光分析法等；色谱分析法包括气相色谱法、液相色谱法、薄层色谱法、离子色谱法和色谱-质谱联用技术等；电化学分析法包括极谱分析法、电导分析法、电位分析法和库仑分析法等。

按照现行有效的监测方法实施监测，保证每位监测人员在各个监测环节中的行为都满足相关技术规定的要求是环境监测和质量控制的重要目标。按照《实验室资质认定评审准则》和《检测和校准实验室认可准则》的要求，实验室应按照相关技术规范或标准，使用适合的方法和程序实施检测活动。实验室应优先选择标准的方法，包括国家标准和行业标准等。

环境监测方法标准是环境标准的重要组成部分，是实施监测活动和质量管理的技术依据，完善的监测方法体系是提高监测质量的重要保障。

目前，我国环境监测工作中采用的监测方法包括如下几类：① 国家标准：GB/T；② 环境保护标准：HJ/T 或 HJ；③ 其他行业标准：农业（NY/T）和水利（SL/T）等；④ 国际标准：ISO 和 IET 方法等；⑤ 其他国家标准：美国 EPA 方法等；⑥ 环保行业内部方法：《水和废水监测分析方法》和《空气和废气监测分析方法》等；⑦ 转化或自行研究的监测方法：由 ISO 或 EPA 等标准自行转化而来或自行研究建立、经过单一实验室验证的监测方法。

三十多年来，为了适应不断发展的监测工作需要，我国一直重视环境监测方法的研究与建立，特别是“十一五”以来，我国加大了环境监测方法的研究力度，加快了环境监测方法发展速度，在完善环境监测方法体系、建立环境监测方法技术体系以及环境监测方法管理制度建设方面做了许多工作，取得了较大的成绩。

（1）逐步完善环境监测方法体系

近年来，我国加快了环境监测方法的研究进度，研究并确立了环境空气、废气、大气降水、海水、地表水、地下水、废水、噪声、电磁辐射、电离辐射、固体废物、土壤和生物等多个环境要素的环境监测方法。截止到 2012 年 10 月，仅环境保护部颁布的 HJ（或 HJ/T）监测方法就达近 200 个，极大地推动了我国环境监测事业的发展和技术进步。

（2）加强管理制度建设

为顺应环境监测方法快速发展的实际需要，国家环境保护行政主管部门不断加强环境标准的管理。继 1999 年颁布《环境标准管理办法》后，先后颁布了《国家环境保护标准制修订工作管理办法》《国家环境保护标准制修订项目计划管理办法》和《地方环境质量标准和污染物排放标准备案管理办法》等，并多次发布加强环境标准管理的通知，例如："关于加快完善环保科技标准体系的意见"、"关于加强国家环境保护标准技术管理工作的通知"、"加强国家污染物排放标准制修订工作的指导意见"、"关于贯彻落实《国家环境保护标准制修订工作管理办法》的通知"、"关于进一步加强环境保护标准制修订工作的通知"、"关于清理地方环境保护标准的通知"、"关于加强和改革环境保护标准工作的意见"和"关于加强地方环境标准管理工作的通知"等，为我国环境标准管理规范化和制度化建立了重要基础。

为进一步完善快速发展的环境监测方法管理程序、工作制度和技术要求，国家环境保护行政主管部门加大了环境标准（包括环境监测方法标准）的质量管理力度，2010 年修订并颁布了《环境监测分析方法标准制修订技术导则》（HJ 168—2010），对环境监测方法制修订工作中所涉及的管理程序、管理内容、职能分配和各项技术要求等都进行了完善。

但是，与先进国家和监测工作需求相比，我国的环境监测方法管理仍存在如下不足之处。

（1）环境监测方法体系框架不健全

环境监测方法体系框架是对环境监测方法发展的总体设计，是制定环境监测方法规划和阶段性计划的引领，是开展前沿性研究的指南，是不断建立环境监测方法的基础依据。然而，我国的环境监测方法体系框架还存在许多不足。

① 环境监测方法体系框架前瞻性不足。根据环境监测的发展需求，及时补充相关的环境监测方法，缺什么补什么，确能解决环境监测工作的燃眉之急，但是，缺乏长远规划性，特别是一些需要长期跟踪或研究期较长的监测技术。

② 环境监测方法的前沿性设计和研究能力不足。开展前沿性设计是保证环境监测方法质量的重要基础。我国很多监测方法都是以国际标准或先进国家监测方法为基础的，只是在标准方法国有化的转化工作中，对许多监测技术进行吸收与消化，缺乏创新和对前沿性技术的研究能力。

③ 现有标准的适用性确认程序缺乏。我国环境监测方法管理中，环境监测方法更新制度不完善，缺乏方法颁布后的后续责任，不仅影响了方法的有效性和时效性，也为方法的解释、咨询与指导增加了难度。建立环境监测方法定期确认和更新制度，是对现行监测方法进行定期评估的基本程序，是保证监测方法行之有效的基本途径，是监测方法编写单位或个人在方法颁布后需要承担的后续责任，当然也可以由专门的机构或部门承担这项工

作，建立监测方法持续改进的长效机制。

④ 监测方法标准制修订质量的监督管理不足。《环境监测分析方法标准制修订技术导则》（HJ 168—2010）的实施，不仅强化了环境监测方法制修订工作中的技术要求，而且加强了各个管理环节的管理力度，但是，监测方法的质量监督管理环节仍存在一些盲点，例如，方法验证单位由方法编制单位确定，缺乏公正性；方法验证数据和报告由方法编制单位提供，缺乏监督性；方法的技术审查结论由技术专家在评审会议现场做出，缺乏实质的验证性；方法的编制单位与技术解释权不一致，缺乏科学性和延续性；方法没有经过第三方验证，影响可行性。可见，建立环境监测方法的质量监督机制势在必行。

总之，尽快建立环境监测方法体系框架，建立监测方法制修订的长期发展规划，建立前沿性研究与支持机制，都是促进环境监测方法体系发展的重要基础。

（2）环境监测方法技术体系不完善

《环境监测分析方法标准制修订技术导则》（HJ 168—2010）颁布后，强化了环境监测方法的技术要求和文本要求，但是在实施过程中还是发现一些需要完善之处：

① 监测数据公开性不足。在现行的标准管理制度下，监测方法的编制说明公开程度差，大量的基础信息和实验数据不能为环境监测工作者所知，一些失败性的教训不能为监测人员所借鉴，监测方法中有限的、汇总性方法验证数据不利于监测方法的广泛应用。近几年颁布的一些监测方法在这方面有所改善。美国 EPA 方法具有较好的监测文本表达方式，实验数据和数据处理说明等都比较全面，利于监测人员参考。

② 实验条件规范性不足。方法验证条件不够明确是引起验证结果间差异的因素之一。例如，在方法验证条件方面，不同监测方法中采用的加标基体不一致，有的是空白加标，有的是实际样品加标，也有的方法中没有明确说明加标基体情况；有的方法中采用一次平行加标实验就同时得出了精密度和准确度数据；有的采用标准样品验证，有的采用多种样品验证等。例如，《土壤质量　六六六和滴滴涕的测定　气相色谱法》（GB 14550—93）和《水和土壤质量 有机磷农药的测定 气相色谱法》（GB 14552—93）中没有说明实验室数和测定次数，没有明确加标样品的基质。

（3）环境监测方法制修订及时性不够

随着环境保护需求的扩大、监测工作的深入、监测领域的拓展、监测形式的变化和污染物种类的增加，对监测方法的需求也日益增加，包括新方法的建立和现有方法的更新等。据不完全统计，2006 年以后颁布的 HJ 和 HJ/T 监测方法标准共 107 个，其中新标准 52 个，更新标准 55 个。虽然我国加大了环境监测方法的制修订力度，特别是"十一五"和"十二五"期间，环保部制定了数以百计的标准制修订计划，但是，与环境监测业务发展的需求相比，还有较大差距。目前，在环境监测工作中，重点缺乏的监测方法集中在有机物监测和土壤监测领域，许多监测机构都借鉴美国 EPA 的方法自行建立监测方法，例如：EPA 9065（挥发酚 分光光度法）、EPA 8015C（苯系物 吹扫捕集-GC 法）、EPA 8081B（有机氯农药 GC 法）、EPA 8082A（多氯联苯 GC 法）、EPA 8310（多环芳烃 HPLC 法）、EPA 8141B-2007（有机磷农药　GC 法）、EPA 8270D（半挥发性有机物 GC/MC 法）、TO-14A 和 TO-15（挥发性有机物　GC/MC 法）等。再如，现有的土壤监测方法中，已有八种金属化合物国标方法，但是，《土壤质量　总砷的测定　二乙基二硫代氨基甲酸银分光光度法》

（GB/T 17134—1997）和《土壤质量 铅、镉的测定 KI-MIBK 萃取火焰原子吸收分光光度法》（GB/T 17140—1997）中明显存在不适于当前技术装备要求的情况，而目前较通用的微波消解-ICP-AES 法和微波消解-ICP-MS 法还没有形成标准方法，体现出了一定的滞后性。

由于监测方法的适用性评价制度不健全，造成现有监测方法的适用性评价工作不及时。据不完全统计，我国水质环境监测方法中，还有 40 余个 20 世纪 80 年代的标准仍在使用。

**表 3.1 HJ 监测方法数量***

| 类别 | 水 | 气 | 土壤 | 噪声和振动 | 固体废物 | 总计 |
|---|---|---|---|---|---|---|
| 2006 年以后新方法 | 22 | 19 | 8 | 0 | 3 | 52 |
| 2006 年以后更新的方法 | 34 | 17 | 2 | 0 | 2 | 55 |
| 2006 年以后的方法数量 | 56 | 36 | 10 | 0 | 5 | 107 |
| 所有的监测方法数量 | 80 | 85 | 11 | 1 | 5 | 182 |

注：* 表示截止日期为 2012 年 10 月 26 日。

（4）环境监测方法可比性不足

环境质量监测需要采用全国统一的监测方法，以便于在国家层面进行环境质量评价；污染物监测需要统一的监测方法，为全国范围内的污染排放单位把握统一的控制尺度，保证公正性。监测方法之间的可比性是保证监测数据可比的基础条件。

然而，科学技术的发展及其在监测领域的应用，使新的监测技术手段不断涌现，环境监测技术已经从手工监测向自动监测、从化学分析向仪器分析发展。在监测技术发展的进程中，各监测机构的硬件条件发展不同步，监测人员的技术水平也不可能均一，特别是在尚未建立国家或行业统一标准方法的监测领域，监测方法的可比性乃至监测数据的可比性问题并没有彻底解决。

例如：土壤中有机物分析需要经过萃取—净化—测试三大环节，每一环节又有多种方法，萃取方法包括索氏萃取、超声波萃取、微波萃取和加速溶剂萃取等，净化方法包括柱净化或凝胶渗透色谱等，分析测试方法包括 GC 和 GC/MS 等，三大环节可以组合出数十种分析方法。据研究，目前土壤酞酸酯的分析方法中，索氏萃取-柱净化-GC/MS、微波萃取-柱净化-GC、加速溶剂萃取-柱净化-GC/MS 和加速溶剂萃取-GPC-GC/MS 是四种主要方法，它们之间的可比性尚没有明确定论，而且相同名称下各种方法间的萃取溶剂、萃取温度、色谱柱种类和仪器操作条件等也存在差异。

由于监测仪器和前处理条件的差异不可避免，多种方法并存的情况将长期存在。因此，尽快建立统一的监测方法体系（而不仅是一种方法）和加强实验室间比对是当务之急。

（5）环境监测方法可行性不好

修订之后的《环境监测分析方法标准制修订技术导则》（HJ 168—2010）突出完善了质量控制要求、方法验证实验室数目和技术要求，规范了监测方法制修订工作程序，增强了环境监测方法的可行性。但是，如前所述，方法验证技术要求中还有需要细化或进一步明确的内容；目前的方法管理制度中，缺乏监督管理机制，也没有相应的仲裁机构和机制；方法验证实验室由监测方法制修订任务承担方确定，在一定程度上，公正性不足。这些方面直接或间接影响了方法的可行性。

另外，环境质量标准和污染物排放标准与监测方法之间的一致性，不仅是取得满足技术要求监测数据的条件，也是得出正确评价结论或给出合理对策的要求。由于环境标准体系或环境监测方法体系不够完善，也有各个标准之间不一致的情况，对环境监测方法的可行性也造成影响。

（6）环境监测方法执行性不足

环境监测是一项包含监测技术发展水平和监测仪器设备等客观条件和人员主观因素等众多方面的系统性工程。正确掌握环境监测技术是保证监测质量的重要环节。由于在监测方法的执行过程中，不可避免地存在人为主观因素的影响，而且人员的知识基础和对具体监测技术掌握的水平等情况因人而异、差距较大，因此，把好人员关至关重要；只有保证对监测方法的掌握程度，才能保证监测数据的水平。

在监测方法的执行过程中，存在的主要问题包括：专业性或可操作性强的监测技术培训薄弱，不利于监测人员掌握技术要点；由于监测方法的及时性与监测条件匹配性差异，监测人员有时会对标准方法进行改进，从而产生方法偏离，而不同监测机构或人员的偏离状态不一样，可能引起监测数据的可比性差异。

综上所述，构建完善的环境监测方法管理和技术体系，是保证监测质量的重要基础。

## 第二节 方法验证

### 一、方法验证的概念和基本要求

#### 1. 方法验证的含义

为使测试结果准确、可靠，必须对分析方法的科学性、准确性和可行性进行验证，以充分表明分析方法符合测试项目的要求并能达到其目标，这就是通常所说的方法验证。方法验证是对方法的评价和证明。在以下几种情况下需要进行方法验证：① 新建或修订分析方法；② 首次实施分析方法；③ 证明两个分析方法的等效性。

#### 2. 方法验证的基本要求

（1）编制完整的方法验证方案

方案的内容主要包括：① 阐明方法验证的目的和适用范围。② 确定参加方法验证的实验室。③ 确定使用的试剂和仪器的技术要求。④ 选择样品类型和含量水平。⑤根据方法本身的特点确定验证参数。⑥明确每一参数的实验程序、统计方法和验证标准（对于修订或制定的新方法的验证工作，其验证标准是根据分析方法的要求预定的，最后验证结果得出的结论是该方法的特性指标。对于其他方法验证，其验证标准是方法已经给出的）。

（2）准备验证所需参考标准样品

除可以使用有证标准物质/标准样品外，还应提供实际样品进行方法验证，实际样品应尽量覆盖方法标准的适用范围。

（3）准备验证所需试剂材料及仪器设备

方法验证所用的试剂和材料、仪器和设备均符合方法相关要求。

（4）确保合格的分析人员

在方法验证前，确保参加验证的操作人员熟悉和掌握方法原理、操作步骤及流程，必要时应接受培训。

（5）严格控制实施过程

严格按照方法的操作步骤和技术要求，实施验证活动，必要时可制定质量保证和质量控制措施。

（6）编写验证报告

根据方法验证数据及统计、分析、评估结果，形成方法验证报告。

（7）查找原因

如果验证结果未达到验证方案的要求，查找原因，包括参考样品、试剂材料、仪器设备、人员和验证过程等是否与验证方案要求相符。

（8）建立方法

根据方法验证结果，进一步完善并确定方法文本或建立标准操作规程用于日常分析工作。

（9）编写不确定度评估报告

对已经确定的方法文本，根据不确定度评估规则，形成不确定度评估报告。

（10）设计相关记录表格

根据已经确定的方法文本，设计相关记录表格，确保信息全面。记录内容至少包括：分析项目名称、分析方法及方法依据、仪器名称及型号、仪器编号、实验条件、样品信息、送检和分析日期、测定结果、计算公式、检出限、相关的质控结果、分析人、复核人和审批人等。

## 二、方法验证的技术指标

方法验证的技术指标一般包括检出限、精密度、准确度、适用范围和校准曲线的线性范围等。

### 1. 检出限的验证

检出限是某特定分析方法在给定的置信度内可从样品中检出待测物质的最小浓度或最小量。所谓“检出”是指定性检出，即判定样品中存有浓度高于空白的待测物质。

在进行检出限的验证时，必须使用统一样品，按方法操作步骤及流程进行分析操作，计算结果的平均值、标准偏差、相对标准偏差、检出限等各项参数。最终的方法检出限为实验所得数据的最高值。不同原理的分析方法的检出限的计算采用不同的方法，空白试验中能检测出目标化合物和未检测出目标化合物的情况也有所不同，具体可参见《环境监测分析方法标准制修订技术导则》（HJ 168—2010），其给出了一般情况下以及分光光度法、滴定法和离子选择电极法的检出限确定方法。

### 2. 精密度的验证

精密度是使用特定的分析程序在受控条件下重复分析均一样品所得测定值之间的一

致程度，它反映了分析方法或测量系统存在的随机误差的大小。测试结果的随机误差越小，测试的精密度越高。反映方法精密度的指标包括实验室内精密度和实验室间精密度，一般包括相对标准偏差、重复性和再现性。

精密度验证中，需要对同一样品在重复性条件下进行多次平行测定，这些平行测定必须是独立的。

### 3. 准确度的验证

准确度是测试结果与接受参考值间的一致程度，用来同时表示测量结果中系统误差和随机误差大小的程度，其只是一个定性概念而无定量表达。测量误差的绝对值大，其准确度低，但准确度不等于误差。反映准确度的指标一般为相对误差和加标回收率。

在实际工作中，通常用标准物质或标准方法进行对照试验，在无标准物质或标准方法时，常用加入被测定组分的纯物质进行回收试验来估计和确定准确度。

### 4. 方法适用范围的验证

方法适用范围是指某特定方法具有可获得响应的浓度范围，在此范围内方法可用于定性或定量的目的，一般包括方法的测定上限、测定下限以及分析对象的范围。测定下限是在测定误差能满足预定要求的前提下，用特定方法能够准确定量测定待测物质的最低定量检测限；《环境监测分析方法标准制修订技术导则》（HJ 168—2010）规定：以 4 倍检出限为测定下限。测定上限是在测定误差能满足预定要求的前提下，用特定方法能够准确定量测定待测物质的最高定量检测限。分析对象的范围需选择有代表性的样品一一验证。

### 5. 校准曲线的线性范围验证

某方法校准曲线的直线部分所对应的待测物质浓度或量的变化范围，称为该方法的线性范围，通常用最小二乘法的原理计算回归方程。线性范围是仪器的信号响应与浓度呈线性的最大范围，下限一般可到定量限，上限需要进行试验找出曲线拐点，它与仪器和操作条件有关。实际工作中应用的曲线是指线性范围中的一段区间，线性范围要做到大于所需要的含量范围。

## 三、环境监测工作中的方法验证

如上所述，在新建或修订分析方法、首次实施分析方法和证明两个分析方法的等效性时，需要进行方法验证。此处暂且不对制修订监测方法标准的情况进行赘述，就日常环境监测工作而言，需要开展方法验证的情况主要包括：① 首次实施监测方法；② 方法需要发生偏离；③ 自行建立一个新方法。

任何单位和个人，在首次根据现有监测方法（指已经建立方法文本的情况，包括标准方法和本单位的自行建立方法等）开展工作时，都应该进行方法验证，以确定具备开展监测工作的能力，并证明能够达到方法所要求的技术参数，例如，检出限、适用范围、精密度和准确度等。对已经做过方法验证，但是主要监测条件变化时，应重新进行方法验证，例如，仪器更换和主要试剂更换等。方法验证不是一劳永逸的，应根据监测工作条件的改变及时进行。

由于环境监测机构的监测条件不一样，环境监测方法建立时，即使尽量考虑全面，但也难免不周全，所以，环境监测工作中，常常出现对标准文本的不同程度修改，即需要发生方法偏离。此时，需要针对偏离后的方法开展验证活动，必须证明和评价偏离后的方法能达到原有方法相同的监测效果，否则需要重新修改方法，直至两者具有可比性；同时，必须形成偏离后的方法文本或标准操作规程，并保证本单位人员都按照这个文本开展工作。

针对自行建立方法的情况，应该按照新建方法的程序开展方法验证，并与相关标准方法进行比对，以说明新建方法与标准方法具有同等效力。

所有方法验证，都应该保留相关原始记录，形成方法验证报告，得到本单位技术负责人的批准。属于计量认证新项目的，需要进行扩项申请和审批，然后才能作为开展监测工作的依据。

## 第三节　环境监测质量控制及其指标

### 一、质量控制

相关资料中对质量控制的定义表述如下：

（1）《环境水质监测质量保证手册》：环境监测质量控制是通过配套实施各种质量控制技术和管理规程，达到保证各个监测环节（如采样、实验室分析测试等）的工作质量的目的。它是质量保证的重要组成部分。

（2）《实验室资质认定工作指南》：质量控制是指为达到质量要求所采取的作业技术和活动，目的在于监视过程并排除导致不合格、不满意的原因从而取得准确可靠的数据和结果。

（3）《环境监测质量管理技术导则》（HJ 630—2011）：指为实施质量管理所需的组织机构、程序、过程和资源。

（4）《固定污染源监测质量保证与质量控制技术规范（试行）》（HJ/T 373—2007）（源自 GB/T 19000—2005）：质量控制是质量管理的一部分，是指用以满足环境监测质量需求所采取的操作技术和活动。

环境监测质量控制是环境监测质量保证的重要组成部分，是监测活动中的重要内容，是针对环境监测不同环节的特点和作用，采用不同的控制方法，从而来实现对监测全过程的质量管理。质量控制以监测方法为主要依据，贯穿环境监测全过程，包括点位布设、样品采集（包括样品的采集、处理、保存和运输）、实验室分析测试和数据处理与分析等。实验室分析质量控制包括空白样品（包括全程序空白、试剂空白、采样容器空白等）测定、校准曲线绘制、方法检出限和测定下限确定、平行样测定、加标回收率测定、标准样品测定、质控图、比对测试（包括人员比对、仪器比对、实验室间比对和方法比对等）、密码样测试、留样复测和能力验证等。

### 二、环境监测质量控制指标

常说的环境监测质量控制指标含有两个层面的含义，一是质量控制结果的表征参数，也可称控制参数；二是质量控制结果的控制限值，是质量控制措施实施效果的综合反映，也是实施监测结果控制的主要依据。质量控制指标是控制监测质量的关键，在体现实验室内数据质量的同时，也使实验室间的数据具有可比性，没有评价指标的质量控制活动，将形同虚设；质量控制指标是评价质量控制结果的依据，完善的质量控制指标体系，使质量控制措施具有真正的实施意义。

查阅我国相关的国家标准、行业标准以及 EPA 和 ISO 等大约 244 个监测方法标准资料，共统计出 40 余个质量控制参数，大致可归类为加标回收率、实验室内精密度、实验室间精密度、重复性、再现性、准确度、阳性对照、校准检验和加标样的相对标准偏差等。结合发达国家质量控制指标体系及国内质量控制现状，总结出我国现阶段常用的质量控制参数有空白值、检出限、校准曲线的线性检验、准确度和精密度等。

我国尚未建立完整的质量控制指标体系。《环境水质监测质量保证手册》（第二版，1990）中列出了常规监测项目的质量控制指标限值，是我国地表水环境监测质量控制的重要依据，在环境监测质量控制工作中发挥了重要作用。《地表水常规监测项目质量控制指标》以指定的、现行有效的国家标准和行业监测方法为主要依据，以说明和代表全国水环境质量现行监测技术和能力水平为基本原则，通过 20 余个省、数百家实验室的监测数据分析，给出了地表水常规监测中 26 个监测项目的质量控制指标。

各监测机构，应根据长期的工作积累，在国家、省或部门总的质量控制技术要求框架下，建立各自的、可行的质量控制指标体系。

## 三、方法验证数据与质量控制指标的关系

目前，我国质量控制体系不健全，现有的实验室质量控制指标已难以适应当前环境监测质量控制工作的需要。在实际工作中，也常常参考分析标准方法中的方法验证数据来进行质量控制。实际上，用方法验证的技术指标评价质量控制数据是不合理的，方法验证数据与质量控制指标有本质不同，主要包括以下几个方面：

（1）表征的对象不同

方法验证是对测定方法的评价，方法验证数据表征的是方法本身的特性。质量控制是对测量系统的控制，质量控制指标主要表征的是使用方法的实验室的能力和水平，或者说是大多数实验室能达到的能力和水平。

（2）表征的含义不同

方法验证的内容和程序是有严格规定的，必须按照规定全面执行，以示方法的科学性、可行性和可信性。质量控制指标可以根据监测项目和监测方法的特点、结合监测工作的需要和实际条件给予确定。例如，就精密度而言，方法验证的技术指标中的精密度是指方法本身的不稳定性，而质量控制指标中的精密度是指实验室测量系统的不稳定性；《环境监测分析方法标准制修订技术导则》（HJ 168—2010）规定，需要根据 6 次平行测定的结果进行精密度验证，以相对标准偏差作为精密度验证的参数；但是，实际监测工作中，很难实现 6 次平行测定的质量控制，所以，相对偏差是更实用的精密度控制指标。再如，空白试验在方法验证中，主要是用来确定方法检出限和测定下限，但在实际监测工作中，是一种单独的质量控制活动，以确定试剂、容器、运输以及全程序的受污染或干扰状况。

（3）研究方法不同

方法验证数据必须按照相关规定进行计算，一般采用数理统计的方法，以得到验证结论；这是保证各个监测方法验证结论一致性的基础要求。而质量控制指标可以采用多种数据统计方法，例如均值控制图、方差控制图、标准偏差控制图、移动极差控制图和指数加权移动平均值控制图等。

总之，方法验证数据是质量控制指标的参考，特别是在方法实施的开始阶段或质量控制指标还没有形成的时候，方法验证数据为监测人员提供了较好的技术支持。但是，方法验证数据与质量控制指标在概念上、实施对象上和实施主体等方面都存在差异，不能将两者混淆。

表 3.2 以水中汞监测为例，列出了部分质量控制指标和方法验证数据，供参考。

**表 3.2 水中汞监测质量控制指标与方法验证数据一览表**

| 资料来源 | RSD/% | RSD′/% | RD/% | RE/% | 加标回收率/% |
|---|---|---|---|---|---|
| 《地表水常规监测项目质量控制指标》（原子荧光法） | ≤5（5～15 μg/L 标准样品，8 种浓度，41 家实验室） | ≤10（4～16 μg/L 标准样品，10 种浓度，62 家实验室） | ≤6（5～15 μg/L 标准样品，8 种浓度，41 家实验室）≤20（0.005～6 μg/L 实际样品，5 家实验室） | ≤±10（4～16 μg/L 标准样品，10 种浓度，62 家实验室） | 80～110（9 家实验室，空白加标）90～110（12 家实验室，标准样品加标和实际样品加标） |
| 《地表水常规监测项目质量控制指标》（冷原子吸收法） | ≤5（8～13 μg/L 标准样品，3 种浓度，13 家实验室） | ≤10（8～13 μg/L 标准样品，3 种浓度，17 家实验室） | ≤8（8～13 μg/L 标准样品，3 种浓度，13 家实验室）≤15（0.005～0.07 μg/L 实际样品，3 家实验室） | ≤±20（8～13 μg/L 标准样品，3 种浓度，17 家实验室） | 95～105（4 家实验室） |
| HJ/T 341—2007（冷原子荧光法） | ≤3（10～100 ng/L，11 次测定） | — | — | — | 90～110 |
| 《环境水质监测质量保证手册（第二版）》（冷原子吸收法、冷原子荧光度法和双硫腙光度法） | — | — | ≤30（<1 μg/L）<br>≤20（1～5 μg/L）<br>≤15（>5 μg/L） | ≤20（<1 μg/L）<br>≤15（1～5 μg/L）<br>≤15（>5 μg/L） | — |

# 第四章　环境监测仪器的量值溯源

## 第一节　我国计量仪器量值溯源体系的基本框架

### 一、计量技术法规体系

我国计量技术法规由国家计量行政主管部门统一组织制定和颁布，它包括计量检定系统表、计量检定规程（代号 JJG）和计量技术规范（代号 JJF）。计量检定系统表亦称计量检定系统，它规定了国家基准、各级标准直至工作计量器具的检定主从关系。国家计量检定系统表通常用图表结合文字的形式表达，其要求基本上与溯源等级图方式相一致。我国规定：一项国家计量基准对应一种检定系统表，并由该项基准的保存单位负责编制，经一定的审批手续，由国家计量行政部门批准发布。国家计量检定系统表具有一定的法律地位，它规定了我国量值传递（也可认为是量值溯源的逆过程）体系。按检定系统表进行检定，既可确保被检计量器具的准确度，又可避免用过高准确度的计量标准检定低准确度的计量器具，也可指导企业、事业单位实现计量器具的量值溯源。目前已颁布了近 100 个检定系统表。检定规程是检定计量器具时必须遵守的法定技术文件，是用标准计量器具对工作计量器具进行检测时必须严格执行的程序，分为国家、部门和地方 3 种。检定规程的内容包括适用范围、使用条件、操作步骤、检定项目、测试方法、不确定度分析和数据记录格式等。其目的是统一计量器具检定工作的执行方法，确保量值传递的准确性。每一种计量器具都有其自身的检定规程，例如：卡尺检定规程、秒表检定规程、示波器检定规程等。计量技术规范是指国家计量检定系统和国家计量检定规程所不能包含的其他具综合性、基础性的计量技术要求和技术管理方面的规定，是进行有关检验、测试、鉴定时必须遵守的规范性文件。至今，国家已颁布了约 850 个国家计量检定规程和 180 个国家计量技术规范，其中与环境监测仪器有关的检定规程有近 60 个。

### 二、计量器具管理体系

1986 年 7 月 1 日《中华人民共和国计量法》（简称《计量法》）正式实施。这是我国管理计量工作的基本法律，是实施计量监督管理的最高准则。《计量法》第九条规定："县级以上人民政府计量行政部门对社会公用计量标准器具，部门和企业、事业单位使用的最高计量标准器具，以及用于贸易结算、安全防护、医疗卫生、环境监测方面的列入强制检定目录的工作计量器具，实行强制检定。未按照规定申请检定或者检定不合格的，不得使用。"同时，国家根据各种计量器具的用途以及可能对社会产生的影响程度，采取了两种法制管理形式，即强制检定和非强制检定，并于 1987 年出台了《强制检定的工作计量器具明细目录》，1991 年对其进行了细化，提出了周期检定的要求，不按规定进行周期检定且出具数据的都要负法律责任。强制检定与非强制检定的区别在于：① 强制检定由政府计量行政部门实施监督管理；而非强制检定由使用单位自行依法管理，政府计量行政部门只侧重于对其依法管理的情况进行监督检查。② 强制检定的执行机构由政府计量行政主管部门指定，使用单位没有选择的余地；而非强制检定由使用单位自己执行，本单位不能检定的，可以自主决定委托包括法定计量检定机构在内的任何有权对外开展量值传递工作的计量检定机构检定。③ 强制检定的检定周期由检定规程规定；而非强制检定的检定周期则在检定规程允许的前提下，由使用单位根据实际需要自己确定。

## 三、量值传递及量值溯源体系

### 1. 计量及其溯源性

计量是为实现单位统一和量值准确可靠而进行的科技、法制和管理活动。准确性、一致性、溯源性及法制性，是计量工作的基本特点。

准确性是指测量结果与被测量真值的一致程度。由于实际上不存在完全准确无误的测量，因此在给出量值的同时，必须给出适用于应用目的或实际需要的不确定度或误差范围。否则，所进行的测量的品质就无从判断，量值也就不具备充分的实用价值。所谓量值的准确，即是在一定的不确定度、误差极限或允许误差范围内的准确。

一致性是指在统一计量单位的基础上，无论在何时、何地、采用何种方法、使用何种计量器具以及由何人来测量，只要符合有关要求，其测量结果就应该在给定区间内一致。也就是说，测量结果应是可重复、可再现（复现）、可比较的。换言之，量值是确实可靠的。计量的核心是对测量结果及其有效性、可靠性的确认，否则，计量将失去其社会意义。计量的一致性，不仅限于国内，而且也适于国际。例如国际比对结果应在等效区间或协议区间内一致。在科技、经济和社会迅速发展的今天，国际交流与合作日益加强，国际贸易不断扩大，计量在国际上的一致性尤显重要。

量值准确一致的前提是指被计量值必须具有能与国家计量基准、国际计量基准相联系的特征，亦即被计量的量值具有溯源性。何谓量值溯源，在《通用计量术语及定义》（JJF 1001—1998）之 8.10 给出的定义是“通过一条具有规定的不确定度的不间断的比较链，使测量结果或测量标准的值能够与规定的参考标准，通常是与国家测量基（标）准或国际测量基（标）准联系起来的特征”。这种特性使所有的同种量值，都可以按这条比较链通过校准向测量的源头追溯，也就是溯源到同一个测量基准（国家基准或国际基准），从而使准确性和一致性得到技术保证。否则，量值出于多源或多头，必然会在技术上和管理上造成混乱。所谓“量值溯源”，是指自下而上通过不间断的校准而构成溯源体系；而“量值传递”，则是指自上而下通过逐级检定而构成检定系统。

法制性来自于计量的社会性，因为量值的准确可靠不仅依赖于科学技术手段，还应有相应的法律、法规和行政管理手段。特别是对国计民生有明显影响、涉及公众利益和可持续发展或需要特殊信任的领域，必须由政府主导建立起法制保障。否则，量值的准确性、一致性及溯源性就不可能实现，计量的作用也难以发挥。

由此可见，计量不同于一般的测量。测量是为确定量值而进行的全部操作，一般不具备，也不必具备计量的上述四个特点。所以，计量属于测量而又严于一般的测量，在这个意义上可以狭义地认为，计量是与测量结果置信度有关的、与不确定度联系在一起的、规范化的测量。实际上，科技、经济和社会越发展，对单位统一、量值溯源的要求越高，计量的作用也就越显重要。

### 2. 量值传递与量值溯源

测量的溯源性是测量结果的一种特性，其测量值能通过连续的可比较链将测量结果与有关的基准（通常是国际基准或国家基准）联系起来。要获得这种特性，就要求用以计量的器具必须已经过具有适当准确度的计量标准的检定，而该计量标准又受过上一等级计量标准的检定，逐级往上追溯，直至国家计量基准或国际计量基准。溯源性的概念是量值传递概念的逆过程。量值传递是将国家基准所复现的计量单位量值，通过检定/校准（或其他传递方式）传递给下一等级的计量标准，并依次逐级传递到工作计量器具以保证被计量对象的量值准确一致的全部过程。相对于工作计量器具使用机构来说，逐级往上为溯源，可至实现 SI 基本测量单位的国家或国际计量基准；相对于国家或国际计量基准（SI 基本单位）来说，逐级往下为传递。我国的计量体系以量值传递为主，因此在讨论量值溯源性时必然也要涉及到量值传递。

溯源性在 20 世纪 90 年代进入我国，是一种新的量值保证方法，是对我国量值传递的量值保证方法的拓展和补充，量值传递和量值溯源是两个互逆的过程，存在如表 4.1 所列的不同。

表 4.1 量值传递和量值溯源的不同

| 比较项目 | 量值溯源 | 量值传递 |
|---|---|---|
| 执行力 | 自觉性、自主性 | 法制性、强制性 |
| 执行机构 | 使用权人 | 各级计量行政部门 |
| 作用对象 | 使用者根据测量准确度要求，自主寻求具有较佳不确定度的参考标准进行溯源 | 建立内部最高标准机构、次级计量行政部门 |
| 执行方式 | 可以越级也可以逐级溯源，自下而上自主地寻求计量标准，是自下而上的追溯 | 按国家检定系统规定，自上而下逐级传递 |
| 中间环节 | 不需按严格的等级传递，中间环节少 | 严格地等级划分，层次多，中间环节多 |
| 不确定度和准确度 | 可以减少逐级传递造成的不确定度 | 容易造成准确度损失 |
| 执行依据 | 可以是国家、部门或地方的检定规程中规定的方法，或校准规范中规定的方法，或比对规范中规定的方法 | 必须是国家、部门或地方的检定规程中规定的方法 |

通过对比可以发现，量值传递是上一级量值检定部门将自身的量值传递给低于其准确度等级的部门，主要是指国家强制性检定的内容。而量值溯源是通过一条具有规定不确定度的不间断的比较链，使测量结果或测量标准值能够与规定的参考标准联系起来的一种特性，它要求设备使用权人针对自己测量标准的相关量值，自主地向上一级技术机构追溯高

于自己准确度的量值，确定自己的准确性。溯源和传递的主要区别在于溯源是自下而上的活动，带有自主性；量值传递是自上而下的活动，带有强制性。作为国家法定计量部门、授权实验室（含自检单位）而言，其开展的检定或校准服务活动均体现了量值传递的过程；而作为检测单位，其通过送检或校准获得量值准确度信息的活动则是一个量值溯源的过程。

**3. 量值传递体系与量值溯源体系**

（1）量值传递体系

对于一个国家来说，每一个量值传递，只允许有一个国家计量基准。在我国，大部分国家计量基准均保存在中国计量科学研究院内。较高准确度等级的计量标准，大多设置在省级计量技术机构及计量准确度要求很高的少数大企业内。较低准确度等级的计量标准，大多设置在地、市、县级计量技术机构及计量要求较高的大中型企业中。而工作计量器具则被广泛应用于工矿企业、研究院所等使用单位中，由此构成了一个量值传递体系。

中国执行量值传递的最高法制计量部门为中国计量科学研究院，各省、市行政区设置相应的计量机构，负责本地区的量值传递工作。此外，国务院所属部分有关部门也按行政系统和领域系统组织量值传递网，负责本系统的量值传递工作。实现量值传递，需要各级计量部门根据有关技术法规的规定，对所属范围的各级计量器具的计量性能（准确度、灵敏度、稳定度等）进行评定，并确定是否符合规定的技术要求。这项工作称为计量器具的检定。使用计量器具的部门要对所使用的各种计量器具进行周期检定，以保证本部门的量值统一，并在规定的误差范围内与国家基准保持一致。

国家计量检定系统表（过去曾成为量值传递系统表）的框图格式见图 4.1。该框图分为 3 大部分——计量基准器具、计量标准器具及工作计量器具。在分割这 3 部分的点划线中说明其检定的方法，比如是直接测量还是间接测量或比对；在每一部分内部各级标准器具间，也以一定方式表示其相互关系及比较的方法。实际上，现有的国家计量检定系统仅适用于目前属于检定范畴的、已经建立了国家基准的计量器具的量值传递。对于大量的进行校准的计量器具，尚需制定出国家溯源等级图。

量值传递有用实物标准进行逐级传递、用传递标准全面考核（MAP）进行传递、用发放标准物质传递、用发播标准信号传递等方式。

用实物标准进行逐级传递。这是传统的量值传递方式，即把计量器具送到具有高一等级计量标准的计量部门去检定；对于不便于运输的计量器具，则由上一级计量技术机构派员携带计量标准到现场检定。这种传递方式比较费时、费钱，有时检定好了的计量器具，经过运输后，受到振动、撞击、潮湿或温度的影响，便又丧失了原有的准确度。该方式尽管有如此多的缺点，但到目前为止，它仍是量值传递的主要方式。

用传递标准全面考核（MAP）进行传递。美国标准局（NBS）自 70 年代初开始，在某些计量领域中采用了标准全面考核（MAP）进行传递的方式。这种传递方式的目的，是使参加 MAP 活动的计量技术机构的量值，能更好地溯源到国家计量基准或 SI 导出单位。它用统计的方法，对参加机构的校准质量进行控制，定量地确定校准的总不确定度，并对其进行分析，全面考核该机构的计量标准、检定方法、操作人员和环境条件，因此能及时地发现问题，使传递误差尽量减小。

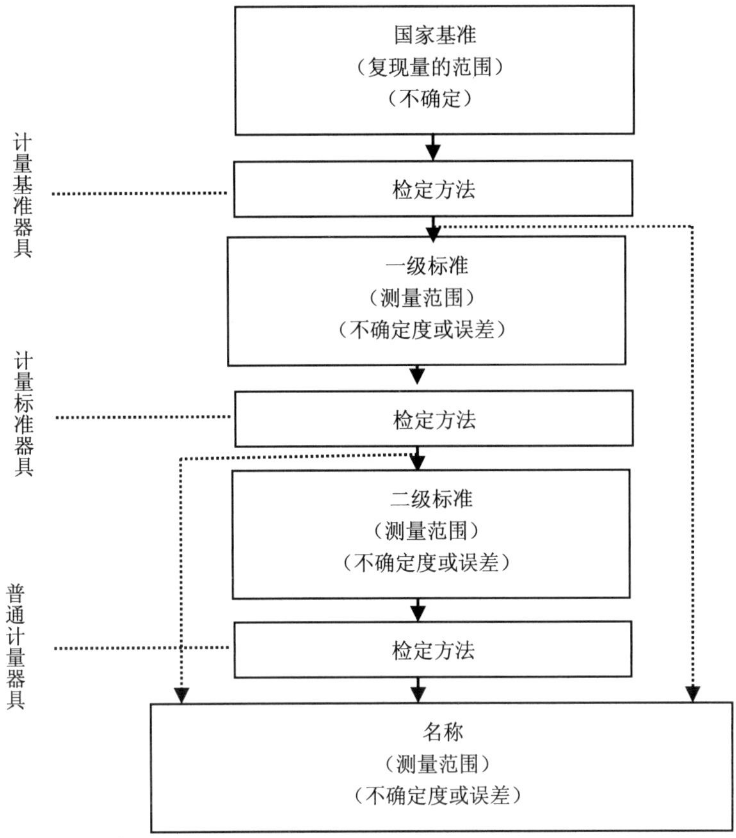


**图 4.1 国家计量检定系统表**

用发放标准物质进行传递。标准物质必须由国家计量部门或由他授权的单位制造，同时要附有合格证书，这种标准物质才是有效的。这种有效的标准物质称为“有证标准物质”（CRM）。使用 CRM 进行传递，具有很多优点，例如无需送检仪器、可以快速评定并可在现场使用等。这种方式目前主要用于化学计量的领域。

用发播标准信号进行传递。通过发播标准信号进行量值传递是最简便、迅速和准确的方式，但目前仅限于时间频率计量。

（2）量值溯源体系

溯源体系图是一种代表等级顺序的框图，用以表明测量仪器的计量特性与给定量的测量基准之间的关系。有时也成为溯源体系表，它是对给定量或给定型号测量仪器所用的比较链的一种说明，以此作为其溯源性的证据。

建立溯源体系图的目的是要使所进行的测量在其溯源到计量基准的途径中，尽可能减少环节和降低测量不确定度，并能给出适当的置信度。为实现溯源性，用体系图的方式应给出：不同等级测量标准的选择等级间的连接及其平行分支有关测量标准特性的重要信息，如测量范围、准确度等级或最大允许误差等，体系图是逐级分等的，即用（$n$-1）等级校准 $n$ 等级，或由 $n$ 等级向（$n$-1）级溯源。试图固定两个等级间的不确定度之比是不现实的，根据被测量的具体情况，这个比率通常处于 2～10。对某些量，准确度提高 2 倍也是可观的进步，但对另一些量，甚至可以达到 10 倍。

在体系图中注意区别测量标准本身复现量值的不确定度。要指明测量不确定度是标准、合成还是扩展。当表示为扩展不确定度时，要给出包含因子 $k$ 或置信概率 $p$。对于普通等级的测量仪器，也可以指出其最大允许误差。等级图中所反映的信息，应与有关法规、规程或规范的要求相一致。对持有某一等级测量仪器的部门或企业，至少应按溯源等级图提供其上一等级测量标准特性的有关信息，以便实现其向国家基准的溯源。

图 4.2 所示的是我国的量值溯源体系图。

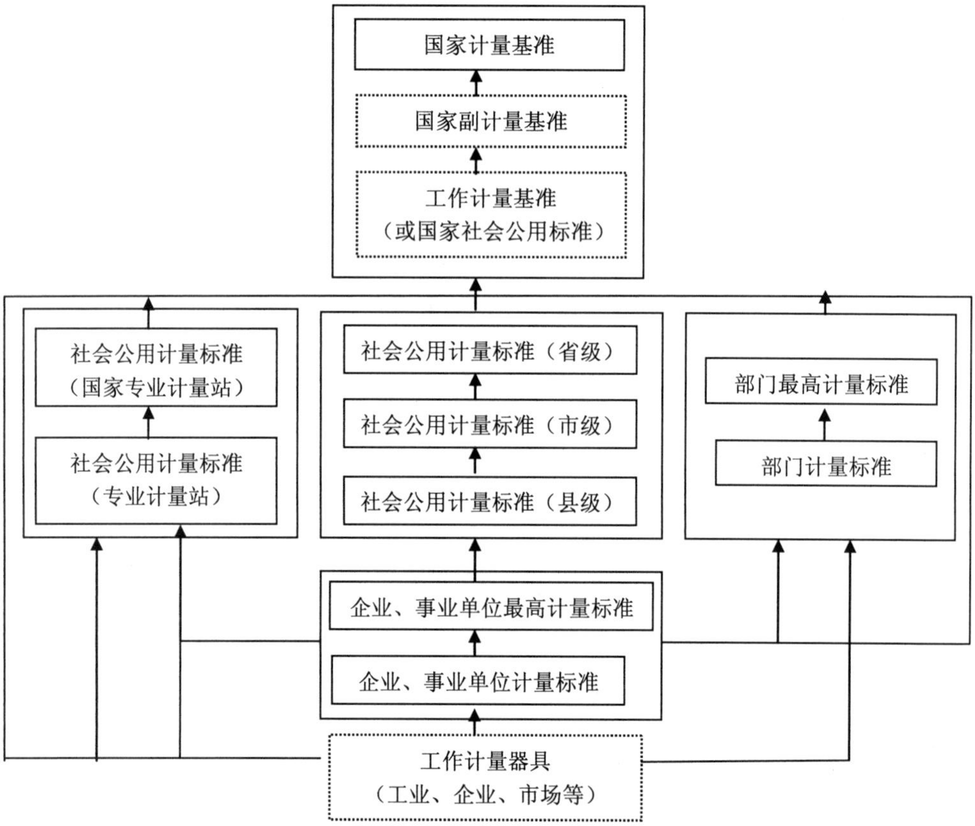


**图 4.2　量值溯源体系图**

我国依法设置了一套计量行政机构和计量技术机构，目前已经建立了以中国计量科学研究院、中国测试技术研究院和国家标准物质研究中心为最高等级校准实验室的国家量值溯源网络，建立了国家计量基准和各个等级的工作计量标准，形成了完整的量值溯源系统。这些机构履行各自的职能、为社会各界提供计量技术服务和管理服务，已形成了一支计量专业服务队伍，从而确保国家计量单位制的统一和量值的准确可靠。中国实验室国家认可委员会（CNAL）被纳入国际计量局（BIPM）框架下，签署互认协议（MRA）并能证明可溯源至 SI 国际单位制的国家或经济体的最高计量基（标）准。

# 第二节 量值溯源的概念和要求

## 一、量值溯源的相关基本概念和释义

### 1. 量值

一般由一个数乘以测量单位所表示的特定量的大小。

### 2. 测量

以确定量值为目的的一组操作。

### 3. 溯源性

通过一条具有规定不确定度的不间断的比较链，使测量结果或测量标准的值能够与规定的参考标准，通常是与国家测量基（标）准或国际测量基（标）准联系起来的特性，称为溯源性。这种特性使所有的同种量值，都可以按这条比较链通过校准向测量的源头追溯，即溯源到同一个测量基准（国家基准或国际基准），从而使准确性和一致性得到技术保证。

### 4. 校准

校准是指在规定条件下，为确定测量装置或测量系统所指示的量值，或实物量具，参考物质所代表的量值，与对应的由标准所复现的量值之间关系的一组操作。

校准结果记录在校准证书或校准报告中，内容包括被测量示值或示值的修正值、其他计量特性如影响量作用等。

### 5. 检定

检定是指查明和确认计量器具是否符合法定要求的程序。它包括检查、加标记和（或）出具检定证书。检定合格出具检定证书，检定不合格出具不合格通知书。

### 6. 计量基（标）准

为了定义、实现、保存或复现量的单位或一个或多个量值，用作参考的实物量具、测量仪器、参考物质或测量系统。

### 7. 国际计量基（标）准

经国际协议承认的测量标准，在国际上作为对有关量的其他测量标准定值的依据。

### 8. 国家计量基（标）准

经国家决定承认的测量标准，在国家内作为对有关量的其他测量标准定值的依据。

### 9. 参考标准

在给定地区或在给定组织内，通常具有最高剂量学特性的测量标准，在该处所做的测量均从它导出。

### 10. 工作标准

用于日常校准或检测实物器具、测量仪器或参考物质的标准（工作标准通常用参考标准校准）。

### 11. 标准物质

具有一种或多种足够均匀和很好地确定了的特性，用以校准测量装置、评价测量方法或给材料附值的一种材料或物质。

12.有证标准物质

附有证书的标准物质，其中一种或多种特性值用建立了溯源性的程序确定，使之可溯源到准确复现的表示该特性值的测量单位，每一种有证的特性值都附有给定置信水平的不确定度。

13. 法制计量

计量的一部分，即与法定计量机构所执行工作有关的部分，涉及对计量单位、测量方法、测量设备和测量实验室的法定要求。

14. 法定计量机构

负责在法制计量领域实施法律和法规的机构。

## 二、量值溯源的总体要求

2006 年 2 月 21 日，国家质检总局发布了《实验室和检查机构资质认定管理办法》(国家质量监督检验检疫总局令第 86 号)，其中第三十条规定："实验室和检查机构在使用对检测、校准的准确性产生影响的测量、检测设备之前，应按照国家相关技术规范或者标准进行检定、校准。"第三十一条规定："实验室和检查机构应确保其相关测量和校准结果能够溯源至国家基标准，以确保结果的准确性。"《实验室资质认定评审准则》(国认实函[2006]141 号）之 5.5.1 款明确提出，"实验室应确保其相关检测和/或校准结果能够溯源至国家基标准。实验室应制定和实施仪器设备的校准和/或检定（验证）、确认的总体要求。"此外，ISO/IEC17025：2005《检测和校准实验室能力的通用要求》之 5.6.1 规定："用于检测和/或校准的对检测、校准和抽样结果的准确性或有效性有显著影响的所有设备，包括辅助测量设备（例如用于测量环境条件的设备），在投入使用前应进行校准。实验室应制定设备校准的计划和程序。"《计量认证/审查认可评审准则》之 9.1 规定："凡对检验准确性和有效性有影响的测量和检验仪器设备，在投入使用前必须进行校准和/或检定（验证)。"

## 三、环境监测实验室实现量值溯源的要求

（1）实验室应根据计量强制检定目录的要求，将有关仪器设备、器具送至法定计量检定机构或被认可的校准实验室，通过使用相应等级的社会公用计量标准进行定期计量检定或校准实现量值溯源。列入国家计量器具强制检定目录的仪器设备必须送至法定计量机构实施计量检定，对于未建立检定规程的器具，溯源方式可以通过校准实现；当工作计量器具未列入国家计量器具强制检定目录时，并且实验室具备从事校准的能力时，可按照国家相关规定对其实施自校准。当在某些校准目前尚不能严格按 SI 单位进行的情况下，可以通过有证标准物质、实验室比对实现。

（2）实验室使用的标准物质必须追溯至 SI 测量单位或有证标准物质，其提供者应是国务院计量行政部门批准的机构，如国家标准物质研究中心、国家环境保护部标准物质研究所。

（3）实验室自行开展检定的强检项目（如小容量检定、风洞实验室等)，必须经法定计量部门认可、授权（计量建标)，校准人员经过授权部门的培训、考核，持证上岗，保存所有的校准记录，接受授权部门的监督审查。

（4）对非强检仪器设备、器具进行自校时，应符合有关技术规定，并能证实其具备从事校准的能力。自校的方法必须形成文件（校准规程）并经过评审和确认，校准结果必须加以记录，校准人员应经过必要的培训，并获得相应的资格确认。

（5）实验室内部建立的参考标准（器具），如标准砝码、标准声源、流量校准器等，必须经过法定计量检定机构或校准实验室所建立的适当等级的计量标准的定期检定或校准，溯源至国家计量基（标）准。

（6）当进口设备无法溯源至中国国家基准时，应提供有效的证明以证实其能够溯源至满足中国实验室国家认可委员会要求的境外计量基准。

（7）必要时，量值可按照国家量值溯源体系的要求溯源至本部门（本行业）的最高计量标准，也可直接溯源至工作基准、国家副计量基准或国家计量基准。

（8）当不可能、不适用或难以溯源至国家计量基（标）准时，则应溯源至公认实物标准，或通过比对试验、参加能力验证等途径提供证明，如某些微生物监测、有机监测、气体监测中的参考标准。

（9）实验室应根据自身特点，制定量值溯源程序、量值溯源图和周期校准/检定计划，以及实验室间比对和能力验证计划，并加以实施。

## 第三节　量值溯源的途径与方法

实现量值溯源的途径有检定、校准及测试等，其中检定和校准是最重要的方式。实现计量器具的量值溯源，有助于获得准确的测量值。测量时，应根据计量器具的具体应用，合理选择溯源的途径。随着我国改革开放及市场经济的发展，在强化检定法制性的同时，对大量的非强制检定的计量器具，为达到统一量值的目的应以校准为主。过去一直没有把校准作为实现单位统一和量值准确可靠的主要方式，常用检定取而代之。这一观念目前正在改变中，校准在量值溯源中的地位已经逐步确立。

### 一、检定

国际计量组织对检定给出的定义是：查明和确认计量器具是否符合法定要求的程序，它包括检查、加标记和（或）出具检定证书。因此检定具有法制性，其对象是法制管理范围内的计量器具，是属法制计量管理范畴的执法行为。检定结论具有法律效力，检定证书属于具有法律效力的技术文件。

检定以检定规程为依据，主要评定计量器具的计量特性（如准确度、稳定度、灵敏度等基本计量性能），以及影响准确度的其他计量性能（如零漂、线性、滞后等）。我国《计量法》规定："计量检定必须按照国家计量检定系统表进行。国家计量检定系统表由国务院计量行政部门制定。计量检定必须执行计量检定规程。国家计量检定规程由国务院计量行政部门制定。没有国家计量检定规程的由国务院有关主管部门和省、自治区、直辖市人民政府计量行政部门分别制定部门计量检定规程和地方计量检定规程，并向国务院计量行政部门备案。"因此，任何企业和其他实体是无权制定检定规程的。检定周期在检定规程中明确规定。在检定结果中，必须有合格与否的结论，并出具证书或加盖印记。经检定合格的计量器具，由计量检定单位出具检定证书；检定不合格的，出具检定结果通知书。从事检定的工作人员必须是经考核合格，并持有有关计量行政部门颁发的检定员证。

强制检定应由法定计量检定机构或者授权的计量检定机构执行。我国对社会公用计量标准以及部门和企业、事业单位的各项最高计量标准，也实行强制检定。由于各地计量部门的检定能力不尽相同，有的地方检定能力有限或受经济效益的影响，部分仪器尚未建立最高计量标准，在这种情况下，实验室可将相关仪器送到上一级计量行政部门指定的计量检定机构检定，也可以申请自检。开展仪器自检必须建立本单位最高计量标准，建标后可以主动向当地计量行政部门提出申请，经考核合格、被授权后，可在本单位及对外开展检定工作，出具的检定证书同样具有法律效力。

## 二、校准

从国际上多数国家看，检定是属于法制计量范畴，其对象主要是强制检定的计量器具，而大量的非强制检定的计量器具一般通过校准进行管理。校准的对象是强制性检定之外的计量器具，这部分计量器具是企事业单位自行依法管理的计量器具，非强检不等于不检，我们目前在生产和服务过程中大量使用的仪器大多采用校准方式来确保量值的准确性。

校准是对照计量标准，评定测量仪器的示值误差，确保量值准确的一组操作，依据的是校准规范或校准方法，对其通常应做统一规定，特殊情况下也可自行制定。校准分为外校和自校，两种方式是等效的。所谓外校是将仪器送到具有校准资质的机构进行校准，自校是具备校准能力的实验室自行校准。开展自校需要具备必要的校准环境和具备一定素质的校准人员，至少具备高出一个等级的标准计量器具，所使用的参考标准（器具）必须通过检定溯源到国家计量基准，所使用的标准物质或标准样品应当是处于有效期内的有证标准物质或样品。应参照相应计量检定规程中主要条目，编写校准方法或规程技术文件。自校准内容和周期可由实验室根据需要自行确定，可以定期校准、不定期校准或在使用前校准。开展仪器自校准工作必须规范，需完整保留校准记录及校准报告。

虽然检定和校准都是量值溯源的有效方式，但由于检定与校准的目的、对象、性质、依据、方式、周期、内容与结论不同，因此，检定证书与校准证书也不同。校准和检定的主要区别，可归纳为以下 5 点：

（1）校准不具法制性，是自愿行为；检定则具有法制性，属计量管理范畴的执法行为。

（2）校准主要确定测量仪器的示值误差；检定则是对其计量特性及要求符合性的全面评定，必须做出合格与否的结论。

（3）校准的依据是校准规范、校准方法，通常作统一规定，有时也可自行制定；检定的依据则是法定检定规程。

（4）校准通常不判断测量仪器合格与否，必要时也可确定其某一性能是否符合预期的要求；检定则必须做出合格与否的结论。

（5）校准结果通常是发给校准证书；检定结果则是合格的发检定证书，不合格的发不合格通知书。

### 三、测试

除检定和校准之外，计量检定机构有时还会出具测试证书或测试报告，测试是对给定的产品、材料、设备、生物体、物理现象、过程或服务，按照规定的程序确定一种或多种特性或性能的技术操作。测试的对象涉及面很宽，检定与校准的目的是为了保证测量仪器准确可靠，而测试是为了确定产品的性能或特性而进行的测量或试验。检定与测试的区别在于：开展检定工作必须经有关计量主管部门审核批准；而测试通常是指具有一定试验（探索）性的测量，一般无严格的规程可循，也无需计量主管部门审批。但测试单位对出具的测试结果或数据仍负有相应的责任。

### 四、特殊情况下的量值溯源

特殊情况下，当溯源至国家计量基（标）准不可能或不适用时，则应溯源至公认实物标准，或通过比对试验、参加能力验证等途径提供溯源性证明。

## 第四节　环境监测仪器量值溯源的方法

环境监测仪器按其使用范围大体分为实验室通用仪器、现场监测仪器、自动监测仪器、污染源连续在线监测仪器和应急监测仪器五类。环境监测仪器量值溯源的方式包括检定、校准和比对 3 种。

### 一、实验室通用仪器

实验室通用仪器包括天平、pH（酸度）计、电导率仪、测汞仪、原子吸收分光光度计、等离子发射光谱仪、可见/紫外/红外及荧光分光光度计、气相色谱仪、液相色谱仪、气质联用或液质联用仪等。这类仪器都有计量检定规程，其中天平、酸度计、测汞仪、原子吸收分光光度计、可见/紫外/红外及荧光分光光度计等均被列入强检范围，需通过检定来实现量值溯源，其余仪器原则上可以检定，也可以校准。环境监测日常使用的红外测油仪、测硫仪、电热恒温干燥箱、水浴锅等，可以采取自校准方式实现量值溯源。仪器的检定和校准大致分为以下 5 种情况：① 对于有检定规程、被列入强检范围，且当地计量部门有检定资质的，应当送检。② 对于有检定规程、被列入强检范围，当地计量部门没有检定资质的，原则上应送到上一级计量行政部门指定的计量检定机构检定，但由于实际操作上的困难，有的单位常采用外校准或自校准。③ 对于有检定规程，当地计量部门没有检定资质的，可向当地计量行政主管部门申请计量标准考核，经考核合格并授权后开展自检。④ 对于有检定规程，未被列入强检范围的仪器，可以送检、自检（需被授权）、外校准或自校准。⑤ 对于没有检定规程的仪器，可以外校准或自校准。

### 二、现场监测仪器

现场监测仪器包括 DO 测定仪、便携式酸度计、水质综合分析仪、汽车排放气体测试仪、滤纸式烟度计、透射式烟度计、TSP 采样器、大气采样器、烟尘测定仪、$SO_2$ 分析仪、甲醛气体检测仪和声级计等。这类仪器一般都有计量检定规程，其中 DO 测定仪、水质综合分析仪、烟尘测定仪、$SO_2$ 分析仪和声级计等已被列入强检范围，原则上应送检，其余仪器可送检也可自校准。对这类仪器中的个别仪器，有的监测站经当地质量技术监督部门的计量标准考核和授权，已开展了自检工作。

## 三、自动监测仪器

自动监测仪器包括空气质量自动监测系统及水质自动监测系统。空气质量自动监测系统包括 $SO_2$、$NO_2$、$O_3$ 和 CO 自动监测仪（按仪器原理分为紫外荧光仪测定 $SO_2$，化学发光仪测定 NO、$NO_2$、$NO_x$，紫外光度仪测定 $O_3$，气体滤波相关红外吸收仪测定 CO，长光程差分吸收光谱仪测定 $SO_2$、$NO_2$ 及 $O_3$）、$\beta$ 射线法 $PM_{10}$ 自动监测仪或振荡微天平法 $PM_{10}$ 自动监测仪。水质自动监测系统主要包括 pH、电导率、浊度、溶解氧、高锰酸盐指数和氨氮水质自动监测仪等。目前我国还没有建立这类仪器的检定规程，可以采取校准或比对的方式实现量值溯源。空气质量自动监测系统应按照《环境空气质量自动监测技术规范》（HJ/T 193—2005）进行日常校准，其中用于量值传递的质量流量计和湿式流量计等必须送检，同时购买有资质单位生产的渗透管及钢瓶标准气等用于量值传递。为了使校准工作规范、有序地开展，使用单位应参照《环境空气质量自动监测技术规范》（HJ/T 193—2005）及仪器使用说明书制定相应的校准规程或方法，例如北京市站针对空气质量自动监测系统制定了 $SO_2$、$NO_x$、CO、$O_3$ 和大流量采样器的自校规程；上海市站制定了微量振荡天平法测定 $PM_{10}$ 的校准规范，并在上海市质量技术监督局登记备案。

水质自动监测系统的量值溯源依据中国环境监测总站印发的《国控地表水自动监测质量管理规定（暂行）》（总站综字[2007]44 号）进行。规范要求每周用标准样品进行检查，每月进行比对试验。

## 四、污染源连续在线监测仪器

污染源连续在线监测仪器包括 COD 等水质在线自动监测仪、烟气连续监测系统（简称 CEMS）等。根据国务院 2003 年颁布的《排污费征收使用管理条例》第十条规定："排污者使用国家规定强制检定的污染物排放自动监控仪器对污染物排放进行监测的，其监测数据作为核定污染物排放种类、数量的依据。排污者安装的污染物排放自动监控仪器，应当依法定期进行校验。"和原国家环保总局制定的《污染源自动监控管理办法》中规定，环境监测部门要"对自动监控设备进行定期比对监测"。因此，为使污染源连续在线监测数据更好地为环境管理服务，对在线监测仪器通过检定、校准或定期比对的方式实现量值溯源是必不可少的程序，而目前这类仪器只有 COD 在线自动监测仪有检定规程。据了解，国家质量技术监督部门正在着手制定《固定污染源烟气排放连续监测系统装置（CEMS）校准规范》。如何加强对污染源在线监测仪器的量值溯源管理，做好定期检定或校准工作，确保其数据准确可靠，是我们目前急需探索及解决的问题。

《化学需氧量（COD）在线自动监测仪检定规程》（JJG 1012—2006）规定的检定项目包括外观、零点漂移、示值稳定性、示值误差和绝缘电阻等 5 项，检定周期为 1 年。目前对 COD 在线监测仪溯源方式有两种做法，一种是由计量部门检定，另一种是自校准。因为 COD 在线自动监测仪是近年新发展起来的仪器，未列入计量部门强检范围，所以，目前这两种做法都是可行的。

CEMS 可以用标准气体传递及通过与经典方法比对等方式来保证监测数据的准确、可靠。如原国家环保总局于 2007 年发布的《固定污染源烟气排放连续监测技术规范（试行）》（HJ/T 75—2007）明确规定当地环保技术主管部门每年不定期地对 CEMS 技术性能指标与经典方法至少进行一次比对监测。监测颗粒物、流速、烟温等样品数量至少 3 对，抽检气态污染物样品数量至少 6 对。

### 五、应急监测仪器

应急监测仪器包括便携式气相色谱仪、便携式分光光度计、便携式傅立叶红外气体检测仪和便携式水质快速测定仪等。这类仪器多数采取校准或比对的方式实现量值溯源。应急监测仪器用于突发性污染事故等特殊场合，出具的数据是管理部门决策的依据，因此其数据的准确性事关重大，应给予足够的重视。对这类仪器，实验室可采取相同准确度等级的工作测量器具之间进行量值比较，来证明测量结果的一致性。量值比对是在缺乏高一级测量标准的情况下进行的，但是参与比对的测量仪器应是具有相同准确度等级的同类测量仪器。仪器比对可参见《计量比对》（JJF 1117—2010），该规范要求比对的实施需有比对组织者、主导实验室、参比实验室，需制定比对技术方案，需对比对结果进行评价。

## 第五节　量值溯源中应注意的问题

实验室应通过制定并实施仪器设备的校准和/或检定（验证）、确认总体要求，规范仪器设备的量值溯源工作，对仪器校准或检定、期间核查、确认、使用、维护等各个环节加以控制，确保结果的溯源性。在实现量值溯源的过程中，应注意以下方面的问题：

（1）实验室应收集检定服务方（法定计量机构或通过认可的校准实验室）的资质及能力范围，核实其出具的检定证书、校准证书、测试报告是否在其授权范围内，并具有量值溯源信息。校准证书必须给出测量不确定度。

（2）当仪器设备校准报告中给出实际测量结果与示值存在偏差时，实验室应在使用中加以修正。

（3）对仪器进行校准时应明确使用的范围，并对其实施校准。

（4）仪器设备的校准和/或检定（验证）、确认总体要求不同于计量检定计划，作为实验室技术文件无需每年制定，当新增仪器类别或溯源机构、溯源方式等产生变化时，应进行补充修订。

（5）在化学分析领域，某些仪器设备的期间核查可以通过有证标准物质进行，主要应核查仪器设备的精密度、响应值、基线的变化；而不能只测定一个标准样品，结果合格即认为完成了仪器核查。

（6）仪器设备在购买之初就要考虑如何实现量值溯源，避免购买后无法溯源。

# 第五章　标准物质及其在环境监测中的应用

## 第一节　标准物质基础知识

### 一、标准物质的基本概念

标准物质，也称标准样品，是指具有一种或多种规定特性足够均匀和稳定的材料，已被确定其符合测量过程的预期用途。标准物质的用途可包括测量系统校准、测量程序评估、给其他材料赋值和质量控制。有证标准物质，也称有证标准样品，是指采用计量学上有效程序确定了一个或多个规定特性的标准物质或标准样品，并附有证书提供规定特性值及其不确定度和计量溯源性的陈述。

我国标准物质和标准样品目前分别由国家计量和标准化行政管理部门归口管理。我国计量部门将标准物质作为计量器具进行统一管理，先后制定并发布了《标准物质管理办法》《一级标准物质编号办法》《关于制备标准物质办理许可证的具体规定》等管理法规。目前，有证标准物质由国家质检总局计量司批准、颁布和授权生产，每种有证标准物质证书包括“中华人民共和国制造计量器具许可证”和“国家标准物质定级证书”1 套。有证标准物质共分两级，国家一级标准物质以“GBW”进行编号，国家二级标准物质以“GBW（E）”进行编号。一般而言，一级标准物质代表国家最高计量学水平，不能重复研制。我国标准化部门将国家标准样品作为与文字技术标准配套的“国家实物标准”进行统一管理，先后制定并发布了《国家实物标准暂行管理办法》《国家标准样品管理程序》等管理文件。目前，有证标准样品由国家标准化管理委员会批准、颁布和授权生产，有证标准样品证书为“中华人民共和国国家标准样品”，以“GSB”进行编号。国家标准样品研制需要首先获得国家标准化行政主管部门的立项计划批准，原则上不允许重复研制，也不分级。

需要特别说明的是，我国标准物质和标准样品术语对应的英文表达均为“Reference Material”，简称“RM”，有证标准物质和有证标准样品术语对应的英文表达均为“Certified Reference Material”，简称“CRM”。我国标准物质和标准样品研制所采用的技术标准规范均源自国际标准化组织标准物质/标准样品技术委员会（ISO/REMCO）发布的 ISO 系列技术指南 30、31、32、33、34 和 35。标准物质与标准样品的主要区别表现在标准物质为计量器具、定值特性必须具有量值，标准样品为实物标准，定值特性既包括具有量值的特性，也包括不含量值的定性特性。

为方便表述，如无特殊说明，以下仅采用标准物质这一术语，其含义完全等同于国际上的“reference material”，覆盖国内目前习用的标准物质和标准样品两个概念。

在计量认证和实验室认可有关文件中，还有一个相关概念是内部标准物质。顾名思义，它是实验室为内部应用而专门制备的标准物质，对应的英文名称包括“internal reference materials”、“In-house reference materials”、“Quality control materials”等。对环境监测实验室而言，内部标准物质主要包括采用有证标准物质或高纯试剂等在实验室内自制标准贮备溶液、标准滴定溶液、标准工作溶液等，以及采用实际环境样品等加工制备的实验室质控样品。实验室制备的内部标准物质应具有已确认的均匀性和稳定性，已确认定值分析的计量溯源性，不确定度可满足校准要求，保证没有对校准要求的不确定度可能有不利影响的偏倚。

## 二、标准物质的基本特征

标准物质是以其特性值的均匀性、稳定性和准确性为主要特征的，这三个特性也是标准物质的基本要求。

标准物质的均匀性是指材料的一种或几种特性具有相同组分或相同结构的状态。从理论上讲，如果材料各部分之间的特性值没有差异的话，那么该材料对给定特性而言是完全均匀的。然而由于材料各部分之间特性值是否存在差异，必须采用实验方法检验才能确定，因此，材料均匀性是指材料各部分之间特性值差异用实验方法不能检测出来的特性。显然，材料均匀性概念中既包括了材料本身的特性，也包含了用于检测均匀性的测试方法的某些特性，如方法精密度、测试样品的大小等。在大多数情况下，测试方法能达到的精密度与取样量有关，标准物质的均匀性是对给定的取样量而言。在标准物质使用说明书中一般都给出均匀性检验的最小取样量。以批量方式制备的标准物质，如土壤标准物质、水质标准物质等，标准物质的均匀性可分为瓶间均匀性和瓶内均匀性，其中瓶间均匀性是指标准物质在不同包装单元之间特性值的一致性，瓶内均匀性是指标准物质特性在同一包装单元内特性值的一致性。以单件方式逐一制备的标准物质，如高压气瓶装标准气体，标准物质的均匀性主要指瓶内特性值的均匀性。

稳定性是指标准物质在规定的时间和环境条件下，其特性值保持在规定范围内的能力。标准物质稳定性又分为长期稳定性和短期稳定性，其中长期稳定性是指标准物质在给定贮存条件下特性值的稳定性，短期稳定性则是指标准物质在从标准物质研制和生产机构向使用者运输过程中特性值的稳定性。标准物质使用者应注意标准物质使用说明书中给出的标准物质贮存条件及使用有效期限，确保能正确保存标准物质并在有效期限之前使用标准物质。

准确性是指标准物质具有准确计量的或严格定义的标准值。当用计量方法确定标准值时，标准值是被鉴定特性之真值的最佳估计，标准值与真值的偏离不超过计量不确定度。在某些情况下，标准值不能用计量方法求得，而用协商一致的技术标准或规范来指定。这种指定的标准值是一个约定真值，如 pH。通常，在标准物质使用说明书中一般应同时给出定值特性的标准值及其不确定度，但定值数据不是很充分的特性则以参考值和信息值代替标准值，不给出不确定度。

## 三、标准物质的研制

一般而言，标准物质研制工作主要包括项目策划、候选物加工制备、均匀性研究、稳定性研究、分析测定研究、量值评定等几个主要环节，主要围绕标准物质相关分析测试技术、加工制备技术、量值评定技术等展开。其中项目策划主要根据预期用途设定拟研制标准物质特性值的含量（浓度）水平及目标不确定度，进行项目可行性研究，确定拟采用的技术路线并制定具体的实施方案；候选物加工制备相对比较复杂，不同类型标准物质的加工制备方法可以说是千差万别、各不相同。就环境标准物质而言，气体标准物质、溶液标准物质一般采用已经证实纯度的高纯气体、高纯试剂在实验室内采用称量法或容量法进行准确配制；空气颗粒物、土壤、沉积物、生物、固体废物等标准物质通常需要采集含有待定值特性（目标污染物）实际环境样品为拟研制标准物质的候选物，并需经过适当干燥（脱水）、研磨、筛分、均匀化、稳定化等一系列加工程序才能完成标准物质加工制备；水质标准物质大多数采用高纯试剂在实验室内配制模拟水质样品，但也有以实际环境水样为原料、经过适当均匀化和稳定化加工制备程序制成候选水质标准物质的案例；均匀性研究主要研究标准物质最小包装单元间与单元内特性值的一致性，一般选用具有较好重复性和足够灵敏度的分析测试方法对标准物质样品中全部特性或最不易均匀的特性逐一进行检测分析，研究确定标准物质不均匀性不确定度分量和样品单次分析的最小取样量；稳定性研究主要研究标准物质定值特性得以稳定保存的最佳贮存条件和运输条件，一般选用具有较好再现性和足够灵敏度的分析测试方法对标准物质样品中全部特性或最不稳定的特性随时间变化逐一进行检测分析，研究确定在最佳贮存和运输条件下标准物质长期不稳定性不确定度分量和短期不稳定性不确定度分量；分析测定研究是标准物质定值过程的一部分，通过选用准确可靠的分析测试方法对标准物质所有特性逐一进行检测分析，获取标准物质定值的基础分析数据，研究确定标准物质分析测定均值和分析测定不确定度分量；量值评定主要研究确定标准物质的标准值及其不确定度。标准物质研制过程中所采用的各项分析测试技术水平直接影响标准物质定值结果的质量。

## 四、标准物质的主要定值方式

标准物质定值一般是指确定标准物质特性值的过程。根据标准物质的类型、预期用途、实验室能力和所用方法质量，标准物质研制者通常可选用下列四种方式之一进行标准物质定值。

（1）由单个实验室采用一种基准方法定值

基准方法是一类具有最高计量学特性的测量方法，其操作能被完整地描述和理解，可以依据基本测量单位对其不确定度进行完整表述。用于标准物质定值的基准方法是指特性值可以依据基本测量单位直接被测量、或可以通过准确数学公式表示的物理或化学理论间接地联系到基本测量单位进行测量的方法。目前已确认的基准方法主要有：重量法、滴定法、库仑法、凝固点下降法和同位素稀释质谱法。需要注意的是，只有在测量程序和专业技能可确保计量溯源性时，才可采用单个基准方法进行标准物质定值。

（2）由一个或几个实验室采用两种或两种以上独立的参考方法定值

参考方法是指经过全面研究，清楚而严密地描述所需条件和程序，用于对材料的一种或多种特性值进行测量的方法。该方法已经证明具有与预期用途相称的准确度及其他性能。因此该方法适用于标准物质定值，也可以用来评价对同一测量过程所使用的其他方法。

在测量方法体系中，参考方法的计量学特性介于基准方法与标准方法之间。

（3）由有能力实验室组成的网络采用一种或多种可证明准确度的测量方法定值

这是标准物质定值较常用且比较可靠的定值方式。参加协作的实验室应具备标准物质定值的基本条件，并具有一定的权威性。每个参加协作的实验室可以采用统一的测量方法，也可以采用经各实验室讨论确认为最好的测量方法。协作实验室的数目或独立定值组数应符合统计学的要求。

实验室间协作定值的前提是存在多个同等能力的实验室，采用被独立确认的方法，且所得各单独结果之间的差异具有统计性质，因此，由各实验室获得的结果可以用统计方法进行处理。

（4）由有能力实验室组成的网络采用特定测量方法来给出由操作程序定义的特性值

这种定值方式主要适用于非基本测量单位的标准物质。协作实验室应严格按照所定义的标准方法或由标准方法制定的标准操作程序进行标准物质测定，所有测量条件均应遵循方法的要求。

为了使标准物质在不同时间与空间特性值具有可比性与一致性，在标准物质定值过程中，保证标准物质特性值具有可溯源性非常重要。根据 ISO/REMCO 发布的有关技术指南，标准物质特性值的溯源途径主要有：① 如有可能，最好溯源到基本测量单位；② 当标准物质用于准确复现由标准方法定义的单位时，最好溯源到严格按照标准方法或由标准方法制定的标准操作程序得到的结果；③ 可溯源到其他测量标准或制品，包括有证标准物质和标准物质。

### 五、标准物质定值结果的表示

标准物质的定值结果一般表示为：标准值±总不确定度。其中标准值为定值分析测定的总平均值；总不确定度为扩展不确定度，由分析测定不确定度分量、不均匀性不确定度分量、长期不稳定性不确定度分量和短期不稳定性不确定度分量合成后扩展得到。

标准物质的定值结果也可采用标准值和相对总不确定度表示，相对总不确定度是总不确定度除以标准值之商的百分数。

当某些特性的定值结果未达到规定的技术要求时，则仅以参考值或信息值给出定值分析测定的总均值，但不提供不确定度。

标准物质证书中一般以标准值、总不确定度和包含因子给出定值结果信息。

## 第二节　标准物质期间核查

### 一、标准物质期间核查的概念

标准物质期间核查是指标准物质使用者按照标准物质证书或有关技术文件中规定的要求，对使用期间标准物质的贮存环境、外观性状及特性值等进行检查或验证，以确保标准物质准确可靠。如果在期间核查中发现标准物质已经发生分解、产生异构体、浓度降低等特性变化，应立即停止使用。

在《实验室资质认定评审准则》5.5.6 中要求："实验室应根据规定的程序对参考标准和标准物质（参考物质）进行期间核查，以保证其校准状态的置信度。"在 CNAS-CL01：2006《检测和校准实验室能力认可准则》5.6.3 中要求"只要技术和经济条件允许，应对内部标准物质（参考物质）进行核查"，"应根据规定的程序和日程对参考标准、基准、传递标准和标准物质（参考物质）进行核查，以保持校准状态的置信度"。显然，标准物质期间核查不仅包括实验室从市场购置的有证标准物质，也包括实验室自制的内部标准物质。标准物质期间核查是实验室开展日常质量管理的一项重要工作。实验室定期对标准物质进行核查，便于主动及时发现标准物质的变化情况，尽早实施预防措施，规避风险。

## 二、标准物质期间核查方法

对一般环境监测实验室来说，常用标准物质可分为两大类，一类是从外部购置的有证标准物质，另一类是实验室自制的内部标准物质。期间核查可大体分以下几种情形：

（1）未启封的有证标准物质，期间核查主要检查标准物质的有效期、贮存环境条件和外观，如：标准物质证书是否在有效期内，标准物质包装和标签是否保持完整，并依据标准物质证书提供的信息核查标准物质状态是否发生变化，标准物质贮存环境与设施是否符合证书规定的要求。

（2）已启封、且可多次使用的有证标准物质，如土壤标准物质、标准气体等，期间核查除了应检查标准物质的有效期、贮存环境条件和外观之外，还应依据标准物质证书中提供的分析测试方法信息对该有证标准物质的特性值进行检测确认，并采用如下方法对检测结果进行核查判断。

① 当有证标准物质的包含因子和实验室测量不确定度均已知时，如式（5-1）成立，即可说明该有证标准物质仍然准确可靠，可继续使用。

$$\left|x_{\mathrm{CRM}}-x_{\mathrm{meas}}\right| \leqslant k\sqrt{u_{\mathrm{CRM}}^2+u_{\mathrm{meas}}^2} \tag{5-1}$$

式中，$x_{\mathrm{CRM}}$ —— 标准值；

$x_{\mathrm{meas}}$ —— 实验室的测定均值；

$u_{\mathrm{CRM}}$ —— 标准物质的标准不确定度；

$u_{\mathrm{meas}}$ —— 实验室的测量标准不确定度；

$k$ —— 包含因子，一般取 $k$=2。

② 当有证标准物质的包含因子未知或实验室不能准确评定测量不确定度时，可采用 $t$ 检验法对检测结果进行评价，评价公式如下：

$$t=\frac{\left|x_{\mathrm{meas}}-x_{\mathrm{CRM}}\right|}{s/\sqrt{n}} \leqslant t_{(0.05,n-1)} \tag{5-2}$$

式中：$x_{\mathrm{CRM}}$ —— 标准值；

$x_{\mathrm{meas}}$ —— 实验室的测定均值；

$s$ —— 测定的标准偏差；

$n$ —— 重复测定次数；

$t_{(0.05,\ n-1)}$ —— 置信度为 95%、自由度为 $n-1$ 的 $t$ 查表值。

若上述计算结果成立，则可判定该有证标准物质仍然准确可靠，可以继续使用。

（3）实验室自制的内部标准物质，主要依据分析测试方法标准或技术规范中的有关规定对标准物质外观、贮存条件和有效期进行检查。必要时，可参照有证标准物质的期间核查方法对特性值进行检测确认。

### 三、标准物质期间核查有关注意事项

（1）用于标准物质期间核查的分析测试方法应具有足够的准确度、精密度和灵敏度，最好选用标准物质证书中给出的定值分析方法。对于定值特性较多的标准物质，期间核查可抽取其中最不稳定、易发生变化的部分特性值进行检测确认。

（2）期间核查的目的是为了判断标准物质是否适用或者标准物质是否继续适用。核查结果与该标准物质的预期用途的严格程度以及标准物质使用者的检测能力有关。因此，即使同一标准物质，若由不同的使用者进行期间核查，则有可能会出现核查结果不一致的情况。

（3）标准物质期间核查只针对在有效期内的标准物质，对已过有效期的标准物质，由于其特性值已不能保证，不存在期间核查问题。企图通过期间核查继续使用过期标准物质的做法是错误的。

## 第三节　标准物质在环境监测中的应用

标准物质在环境监测中应用较广，应用方法也很多，概括起来可归纳为以下四种应用类型：① 环境监测仪器校准；② 环境监测方法确认；③ 环境监测质量控制；④ 环境监测工作标准。

### 一、环境监测仪器校准

现代环境监测仪器具有低检测限、高专一性、高精密度等很多优点，但在大多数情况下，仪器的输出信号（峰面积、计数、毫伏等）与被测污染物含量（克、摩尔等）之间的关系来自于某种经验公式，尚不能以严格的物理或化学理论精确地进行描述。因此，在实际环境监测工作中就有必要通过被分析物含量准确已知的有证标准物质来校准仪器的输出信号。应用标准物质做校准曲线或响应因子，为仪器响应值与被测量之间建立定量关系，此过程可选用纯物质制备的溶液标准物质或气体标准物质，也可选用与被测样品基体和含量水平相匹配的基体标准物质。不过，通常由于大多数分析测试样品的基体与校准用标准物质的基体存在很大的差异，由校准过程导出的不确定度估算一般是不全面的。因此，还必须另外使用与被测样品基体相匹配的校准样品来测定，并最终修正由于校准中基体不匹配引起的偏差。因此，很多情况下，人们使用由纯物质制备而得到的标准溶液来校准分析仪器，并且使用基体匹配的标准物质来研究考察基体效应引起的偏差。这种状况甚至使得一些环境监测人员产生了一种错误看法，即基体标准物质不能用于校准、只能用于质量控制。实际上，应用环境基体标准物质校准分析仪器情况也不少，如在应用 X 射线荧光法分析颗粒物成分时，使用颗粒物标准物质校准 X 射线荧光光谱仪是获取准确分析结果的关键

要素。

环境空气和水质自动监测系统已广泛应用于我国环境监测，这些自动监测系统的正常运行对于及时地了解我国实时环境状况非常重要。但是在连续测定过程中，各种因素都有可能会造成自动监测仪器的漂移，并有可能影响到监测数据的准确性。这里介绍一种使用标准物质判断仪器漂移及漂移修正的方法，具体如下。

在连续测定过程中，以一定的时间间隔重复测定标准物质，得到 $C_1$，$C_2$，…，$C_n$，相邻两个数值之差以 $\zeta_i$ 表示，即 $\zeta_1=C_1-C_2$，$\zeta_2=C_2-C_3$，…，$\zeta_{n-1}=C_{n-1}-C_n$，用式（5-3）估计方差 $S_1^2$：

$$S_1^2=\left(\sum_{i=1}^{n-1}\zeta_i^2\right)/2(n-1) \tag{5-3}$$

计算 $C_1$，$C_2$，…，$C_n$ 的平均值 $\overline{C}$，用式（5-4）估计方差 $S_2^2$：

$$S_2^2=\left[\sum_{i=1}^{n-1}(C_i-\overline{C})^2\right]/(n-1) \tag{5-4}$$

再计算方差比值：$R=S_1^2/S_2^2$，

**表 5.1 连续监测仪器漂移检验的临界 *R* 值表**

| 标准物质测定次数（$n$） | 显著性水平 $\alpha$ | | |
|---|---|---|---|
| | 0.001 | 0.01 | 0.05 |
| 4 | 0.29 | 0.31 | 0.39 |
| 5 | 0.21 | 0.27 | 0.41 |
| 6 | 0.18 | 0.28 | 0.45 |
| 7 | 0.18 | 0.31 | 0.47 |
| 8 | 0.20 | 0.33 | 0.49 |
| 9 | 0.22 | 0.35 | 0.51 |
| 10 | 0.24 | 0.38 | 0.53 |
| 11 | 0.26 | 0.40 | 0.55 |
| 12 | 0.28 | 0.41 | 0.56 |
| 13 | 0.29 | 0.43 | 0.58 |
| 14 | 0.31 | 0.45 | 0.59 |
| 15 | 0.33 | 0.46 | 0.60 |
| 16 | 0.34 | 0.47 | 0.61 |
| 17 | 0.36 | 0.49 | 0.62 |
| 18 | 0.37 | 0.50 | 0.63 |
| 19 | 0.38 | 0.51 | 0.64 |
| 20 | 0.39 | 0.52 | 0.65 |
| 21 | 0.40 | 0.53 | 0.66 |
| 22 | 0.41 | 0.54 | 0.66 |
| 23 | 0.42 | 0.55 | 0.67 |

与表 5.1 的临界 $R$ 值作比较，如计算值大于临界值，则没有理由认为在给定的置信水平下仪器漂移已发生，仪器的漂移值不必作漂移校正；如计算值小于临界值，则可断定在给定置信水平下仪器漂移已发生，应对仪器测定值进行漂移校正。

当漂移发生的时候，可用式（5-5）计算漂移系数：

$$
\begin{aligned}
f_1 &= (C_1+C_2)/2C_1 \\
f_2 &= (C_2+C_3)/2C_1 \\
&\cdots\cdots \\
f_{N-1} &= (C_{N-1}+C_N)/2C_1
\end{aligned}
\tag{5-5}
$$

用相应的漂移系数 $f_i$ 除对应间隔内的每个监测值，就得到漂移校正后的数值。例如，用 $f_3$ 除 $C_3$ 到 $C_4$ 间隔内的每个监测值。

## 二、环境监测方法确认

环境监测实验室应用标准物质进行方法确认包含两重含义：一是应用标准物质对方法的性能指标进行验证和评价，二是应用标准物质对实验室正确使用方法的能力进行确认。与此同时，需要确认的环境监测方法既包括对目标污染物及共存干扰物的定性方法，也包括对目标污染物的定量方法。

在环境污染物定性方法方面，紫外-可见、红外、核磁、质谱、色谱等图谱数据是较常用的定性分析数据，而各种样品制备技术、化学分离技术、检测技术以及元素分析则是确证定性结果的重要技术手段。无论是对目标污染物及其共存干扰物的识别，还是证明方法的选择性，都需要使用标准物质。例如，在确认某个被分析物的色谱峰时，可以采用含有被分析物的标准物质来辨别。但是如果被测信号是由被分析物和共存干扰物共同产生时，只用一种方法来辨别是不可靠的，还需要一些确证数据支持。这时可以用一系列不同极性的色谱柱或色谱分离条件来重复实验，或者采用包括质谱在内的不同检测器进行确认。

在环境污染物定量方法方面，采用有证标准物质确定方法特性指标（包括精密度、准确度、检测限、测定下限等）是最客观、最简便的有效方法。实验室在对环境监测方法确认过程中，虽然需要针对方法适用范围采用实际环境样品进行试验，但环境标准物质仍然是方法确认最合适的统一试验样品，因为这可最大限度地避免因受试对象的不稳定、不均匀或其他干扰因素而对方法确认结果的可靠性和准确性造成影响。选择与环境监测方法相适应的有证标准物质，包括特性值浓度（含量）水平与监测方法预期应用水平相适应，特性值的不确定度与监测方法要求的精密度和准确度相适应，其他如基体、形态、数量、稳定性等也都应与监测方法要求相适应。由一个实验室在重复性条件下测定有证标准物质，可以对监测方法的实验室内方法精密度和准确度进行确认和评价。由多个实验室在再现性条件下测定有证标准物质，可以对监测方法的实验室间方法精密度和准确度进行确认和评价。

以下为应用标准物质确认环境监测方法的一个经典实例。美国环保局（EPA）在 1971 年曾推荐了一种测量环境空气中 $NO_2$ 的监测方法（即 Jacobs-Hochheisev 法），这是一种基于重氮化反应的比色方法，该方法有一个重要的假设条件是在所有浓度范围内，$NO_2$ 的转化率是个常数（约 35%）。EPA 之所以推荐该方法主要是考虑到其曾作为健康方面的研究手段并具有良好的精密度，遗憾的是由于当时没有合适的 $NO_2$ 标准物质，未能对方法的准确度进行验证。直到 1973 年美国国家标准局（NBS）研制出四种 $NO_2$ 渗透管标准物质之后，EPA 重新评价该方法的准确度时却发现，$NO_2$ 转化率并不是个常数，而是随着 $NO_2$ 浓度的增加而下降。在通过标准物质确认该方法有严重的缺陷、存在较大的系统误差之后，EPA 撤销了原来的推荐，并重新研究和推荐了三种新的 $NO_2$ 监测方法。

我国环保部发布的《环境监测分析方法标准制修订技术导则》（HJ 168—2010）对应用标准物质进行方法性能评价作了详细规定。如对方法检出限验证要求“各验证实验室需使用标准编制组提供的统一样品”；对方法精密度验证要求“有证标准物质/标准样品的测定：各验证实验室采用高、中、低 3 种不同含量水平（应包括一个测定下限附近的浓度或含量）的统一样品，按全程序每个样品平行测定 6 次，分别计算不同浓度或含量样品的平均值、标准偏差、相对标准偏差等各参数”。对方法准确度验证要求“若各验证实验室使用有证标准物质/标准样品进行分析测定准确度，则需对 1～3 个不同含量水平的有证标准物质/标准样品进行测定，按全程序每个有证标准物质/标准样品平行测定 6 次，分别计算不同浓度或含量水平有证标准物质/标准样品的平均值、标准偏差、相对误差等各参数。若各验证实验室对实际样品进行加标分析测定确定准确度，则需对每个样品类型的 1～3 个不同含量水平的统一样品中分别加入一定量的有证标准物质/标准样品进行测定，按全程序每个加标样品平行测定 6 次，分别计算每个统一样品的加标回收率。标准编制组对各验证实验室的数据进行汇总统计分析，计算其相对误差或加标回收率的均值及变动范围”。这些要求已成为我国环境监测方法标准制修订工作的基本准则。

## 三、环境监测质量控制

标准物质在环境监测质量控制工作中的应用不受仪器设备和实验室规模大小的制约，只要实验室具备检测能力，就可以通过标准物质实现质量控制的目的。使用标准物质，可简便、快速、准确地判别环境监测的检测系统是否处于质量控制之中，或分析数据的偏倚程度，并警示监测人员及时查找原因采取措施，确保监测结果的准确可靠。因此，标准物质不仅广泛应用于监控实验室内部系统误差、人员技术考核、仪器设备期间核查、技术仲裁等多个实验室内部质量控制过程，而且也广泛应用于计量认证/实验室认可评审的现场试验、能力验证、测量审核、实验室间比对、质控考核等各类实验室外部质量控制活动。

质量控制图是实验室内部质量控制最常用的方法之一。选择标准物质作控制图，可以对实验室检测系统进行周期性的检查，以确定分析的准确度和精密度的情况。控制图的控制限可根据标准物质提供的不确定度以及实验室的实际检测能力综合确定。在日常监测活动中，将标准物质与未知样品在相同的条件下进行分析，如果标准物质的测定结果落在控制限之外，说明实验室检测系统脱离控制了，此时未知样品的测定结果应是无效的，实验室应该立即查找原因，采取措施加以纠正，重新进行标准物质的测定，直至标准物质的测定值落在控制限内，才能重新进行未知样品的测定。如果脱离控制后未能找到产生误差的原因，用标准物质再分析校对一次，结果又正常了，那么可以认为第一次结果确实是由于偶然因素或更可能是某个操作错误引起的。使用标准物质的最佳次数与实际试样的重复次数将取决于检测系统的稳定性和检测系统脱离统计控制的危险性。因为在最后一个已知受控至第一个已知脱控期间所得的全部样品数据都是可疑的，因此这种间隔必须减至最小。决定使用标准物质次数的方法，可以有以下两种：① 根据实验室以往的经验，估计可能失控的时间周期，在该时间周期内至少应均匀安排 3 次标准物质的测定；② 根据检测系统中重要要素的运行周期确定。当这些要素由一个运行周期向另一个运行周期切换时，分析数据可能会因此发生显著性变化。这些要素包括使用新的校准标准，使用新试剂，工作变更，休息周期，监视或判断仪器的改变、修正或调整，长期停机，等等。当认为某要素的运行周期对分析过程有重要影响时，则需要在该运行期中至少测量 3 个标准物质。总之，在样品分析过程中进行适量标准物质的测定是保证实验室监测数据质量的一种切实可行的方法。

需要注意的是在每次测定过程中仅使用一个标准物质的技术风险，因为即使对该标准物质测定结果准确也未必能证实实验室检测系统的可靠性。如图 5.1 所示的四条工作曲线，直线 A 表示一个没有系统误差的检测系统，直线 B 表示有恒定系统误差的检测系统，直线 C 表明系统误差正比于样品的浓度水平，直线 D 表明恒定系统误差与浓度水平成比例。

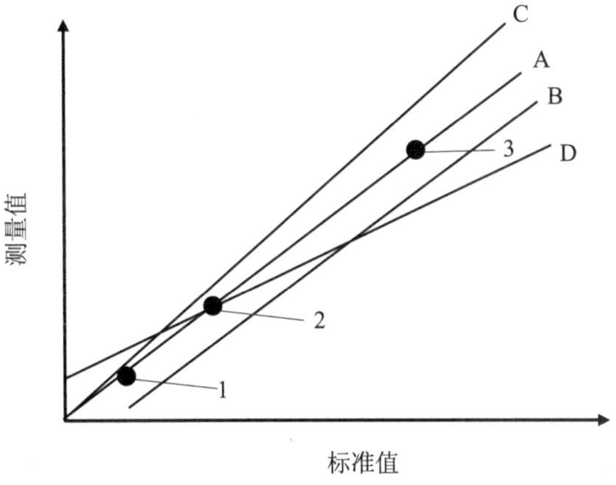


**图 5.1 鉴别实验室系统误差**

从图 5-1 中可以看出：如果仅分析浓度水平为 2 的标准物质时，可能会得出 D 线测定结果准确的错误结论。因此，仅测定一个浓度水平的标准物质未必能证实实验室检测系统在全部浓度范围内的准确性。在经济条件允许和标准物质供应完备的前提下，实验室应在每次测定过程中加入如图 5.1 所示的低、中、高共 3 个浓度水平的标准物质，尽可能使标准物质覆盖检测系统的全部浓度范围，这是鉴别实验室内部系统误差的最好方法。

## 四、环境监测工作标准

将标准物质用做环境样品分析测试的工作标准，如同砝码通过天平确定被称物的质量。应用溶液标准物质、气体标准物质绘制环境样品分析测试的校准曲线是环境监测实验室最经常使用方法。

不过，当没有与被测样品基体和特性值相近的标准物质或者对被测样品的基体不是很清楚时，如采用上述校准曲线对试样中污染物含量进行测定，则有可能会因被测样品存在基体干扰，导致测定结果产生系统误差。为了消除这种系统误差，实验室可选用标准加入法，即将被测样品分成若干等份，除了其中一份以外，其余各份分别加入不同量的标准物质，然后按照方法规定的程序对试样逐一进行检测分析，并以仪器响应值（$y$ 轴）对标准物质添加量（$x$ 轴）绘制标准加入曲线（图 5.2），即：

$$y = a + b x$$

式中，$a$ —— 回归线的截距；

$b$ —— 回归线的斜率。

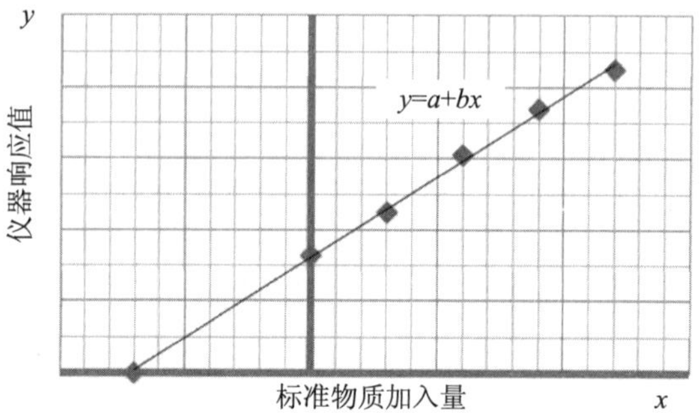


**图 5.2 标准加入曲线**

通过标准加入曲线，可计算获得被测样品中污染物的含量为：$a/b$。

在实际工作中，如果发现标准加入曲线与校准曲线的斜率相同，则意味着基体相匹配或者被测样品的基体对被分析污染物不干扰，此时就没有必要采用标准加入法，毕竟标准加入法较标准曲线法在操作上要麻烦一些。但如果上述两个斜率之间存在显著性差异，则表明基体不匹配，被测样品基体对测定有干扰，如采用校准曲线法会带来较大的系统误差。两个斜率的显著性比较可采用 $t$ 检验法进行判断。

## 第四节 环境监测标准物质的选择与使用

### 一、国内外环境监测标准物质研制概况

随着各国对环境监测数据准确性、可比性、科学性和公正性的迫切需求，环境监测标准物质的研制和应用自 20 世纪 60 年代起在世界范围内迅速发展起来。1964 年，英国的鲍恩（H. J. M. Bowen）以甘蓝粉为原料制备了生物材料标准物质。由 21 个实验室采用 11 种分析方法对甘蓝粉中的 51 种元素进行了定值。几乎在同一时期，美国哈佛大学医学部制备了微量元素测定用骨灰粉标准物质。此后，国际原子能机构（IAEA）组织各国的科学家研制了牡蛎、海藻、鱼肉粉等标准物质，并在国际范围内进行了分析测试结果的比对。日本厚生省公共卫生研究院为了查明大米中镉污染造成的骨痛病分布，制备了专为大米镉污染调查使用的镉大米标准物质。1972 年，为了配合美国国家环保局（EPA）监测汽车排气中的污染成分，原美国国家标准局（NBS）研制了一系列痕量组分气体标准物质。此外，加拿大、原欧洲经济共同体标准局（BCR）等也相继研制了多种环境监测标准物质。目前，国际上研制环境标准物质较多的一些政府背景的研究机构主要有美国 National Institute of

Standards and Technology（NIST）、欧盟联合研究中心 Institute for Reference Materials and Measurements（IRMM）、英国 Laboratory of the Government Chemist（LGC）、国际原子能机构（IAEA）、加拿大 National Research Council of Canada（NRC）和 National Water Research Institute（NWRI）。除了上述各国科研机构外，还有许多商业公司如 Chemservice、Accustandard、Cambridge Isotope Laboratories、Wellington Laboratories、R. T. Corporation 等也在大量向市场提供环境监测标准物质。

我国环境监测标准物质的研制工作起步于 20 世纪 80 年代。1980 年，中国计量科学研究院组建标准物质研究所开始研制包括环境监测标准物质在内的各种标准物质。1981 年，中国环境监测总站开始试制水质监测质量控制样品。1983 年，中国科学院原环境化学研究所研制完成我国首个河流沉积物标准样品，对 15 种重金属元素成功进行了定值。1988 年中国环境监测总站研制的水质化学需氧量等 10 项水质标准样品和 4 项土壤标准样品被批准为国家标准样品，其中 4 项土壤标准样品定值化学成分和元素共计 57 种，被广泛用于全国土壤背景值调查。目前，由原中国环境监测总站标准室发展起来的环境保护部标准样品研究所已成为我国环境监测标准物质最主要的研制和生产机构，可提供包括气体、水质、土壤、沉积物、生物、固体废物、有机污染物等各类环境监测国家标准样品 400 余项。中国计量科学研究院搭建的国家标准物质信息服务平台可对外提供包括气体、模拟天然水、沉积物、土壤和植物等环境标准物质约 200 项以及各类无机、有机溶液约 250 项。

值得注意的是，虽然国内外研制和销售环境监测标准物质的机构很多，但不是所有机构都能对外提供质量有保证的有证标准物质。以下为国内外部分环境监测标准物质信息发布权威机构的网站信息，其中国际标准物质数据库（简称 COMAR 库）包含了中国、美国、英国、法国、德国、日本、俄罗斯等 19 国家标准物质最新信息，目前挂靠在德国国家材料研究所（BAM）网站。

（1）环境保护部标准样品研究所（IERM）

http：//www.ierm.com.cn/

（2）中国计量科学研究院/国家标准物质信息服务平台

http：//www.ncrm.org.cn/

（3）美国国家标准与技术研究院（NIST）

http：//www.nist.gov/

（4）欧盟联合研究中心标准样品与测量研究所（IRMM）

http：//irmm.jrc.ec.europa.eu/

（5）英国政府化验师实验室（LGC）

http：//www.lgcstandards.com/

（6）国际原子能机构（IAEA）

http：//www.iaea.org/

（7）国际标准物质数据库（COMAR）

http：//www.comar.bam.de/en/

## 二、环境监测标准物质的选用注意事项

目前可用于环境监测的标准物质种类很多，既有纯物质及由纯物质制备的标准溶液、标准气体等纯物质标准物质，也有由纯物质合成或实际环境样品制备的各种基体标准物质；既有通过严格审查的有证标准物质，也有许多被冠以“标准物质”名义销售的化学试剂；研制和生产标准物质的机构既有国内外知名的专业研究机构，也有规模大小不一的各类专业公司。对广大环境监测实验室而言，如何从中选择适合自己工作需要的标准物质十分重要。因此，提出一些选择和使用环境监测标准物质的原则供环境监测实验室参考。

（1）优先选用质量管理体系完备的标准物质生产者提供的标准物质。与环境监测实验室计量认证和实验室认可相类似，国内外也在推行标准物质生产者能力认可制度，所采用的认可准则依据为 ISO/REMCO 发布的“ISO 指南 34：标准物质生产者能力的通用要求”。选用国内外权威机构和通过基于 ISO 指南 34 认可机构提供的标准物质，可避免劣质标准物质进入实验室。有研究调查结果表明，我国市场上目前销售的一些环境监测标准物质存在严重的质量问题。

（2）优先选用有证标准物质。许多标准物质用户常常会误解“有证标准物质”的概念，认为只要其购买的标准物质带有使用说明书即是有证标准物质，其实不然。这里的“有证”对应的英文词为“certified”，我国境内研制和生产的有证标准物质特指国家质量监督检验检疫总局批准发布的国家标准物质（包括一级标准物质和二级标准物质）和国家标准化管理委员会批准发布的国家标准样品。国外标准物质的管理体制与国内不同，有证标准物质虽然没有政府行政审批环节，但研制和生产机构一般均有严格的内部审查程序，一般以“certified reference material（CRM）”表示，欧盟将欧洲一些研制机构研制的有证标准物质统一用“ERM”进行编号，美国 NIST 采用“SRM”对其研制的有证标准物质进行编号。

（3）选用与预期的环境监测分析样品尽可能接近的标准物质。这主要包括基体、形态、含量（浓度）水平等。其中基体匹配是需要重点考虑的因素，因为只有使用与被测样品基体相匹配的标准物质，在解释实验结果时才很少或根本没有困难。所以，只要基体匹配是可能的，使用者就应尽可能选用基体匹配的标准物质。不过，需要注意的是，由于日常监测的样品种类很多，而研制标准物质又不是一件非常容易的工作，因此选择与待测样品基体完全匹配的标准物质有时几乎是不可能的，这就要求标准物质使用者要用自己的专业知识来选择最适用的标准物质。例如，水系沉积物标准物质由于其基体成分较土壤样品复杂一些，在进行土壤样品分析时，如果没有合适的土壤标准物质，选用水系沉积物标准物质也是可以的。

（4）充分考虑标准物质定值所采用方法以及标准物质的预期使用要求。在标准物质使用之前，仔细、全面地阅读标准物质附带的证书或使用说明文件非常重要。只有全面了解标准物质证书或说明文件中提供的信息，才能保证正确地使用标准物质。例如，用于仪器校准和做工作标准的溶液标准物质，总不确定度以称量配制法为基础评估，通常比较小，如将其用于实验室质量控制样品可能就不太合适；另一方面，用于水质监测质量控制的标准物质，采用协作定值实验室间再现性标准偏差评估不确定度，与前者相比，不确定度会大很多，如果将之用于仪器校准或工作标准，当然也是不合适的。此外，还应注意某些标

准物质可能仅适用于某类特定方法。

（5）特别注意标准物质证书中所规定的取样方法和取样量。土壤、沉积物等固体标准物质的最小取样量是与瓶内均匀性相联系的重要技术参数，是标准物质研制单位保证标准物质特性值准确可靠的前提条件。标准物质使用者只有分析最小取样量以上的标准物质样品才能保证结果的可靠性。例如，目前国内销售的许多土壤、沉积物等标准物质规定的最小取样量在 0.2～0.3 g，一些实验室在采用高灵敏度的 ICP-MS 测定这些标准物质时，为了减少样品消解的时间，单次分析样品用量只有几十毫克，即使仪器设备很先进，也难以获得准确结果。此外，高压气瓶装气体标准物质一般会规定气瓶中气体使用的压力下限，这一方面是为了保证装气体标准物质的气瓶在重新充装之前不会被污染，另一方面，确实有些气体标准物质在压力较低时特性值可能会发生变化。

（6）标准物质特性值的稳定性是有条件的。有些标准物质的贮存条件非常苛刻，储存条件不当，有可能会影响标准物质特性值的准确性，标准物质使用者在标准物质进入实验室之后，应根据标准物质证书规定的储存条件妥善保存好标准物质，并尽早使用，不要久存。超过证书规定有效期的标准物质不应作为标准物质继续使用。

（7）实验室应在分析方法和操作过程处于正常稳定状态下，即处于统计控制中使用标准物质，否则会导致错误。换言之，如果在使用标准物质之前，实验室检测系统已处于不稳定、噪声高、灵敏度低、重现性差、测量条件经常发生变化，或存在明显的系统误差时，即使使用了标准物质也无济于事。

（8）相同的标准物质在单次分析过程中仅限于一种用途。即用于校准的标准物质不应同时用于分析过程的质量控制。实际上，如果将用于仪器校准或工作标准的标准物质同时又用于分析过程质量控制，将不会达到质量控制目的、起到质量控制的效果。

（9）新购置的标准气体、标准溶液等由单个实验室定值的有证标准物质，在投入使用之前最好能与实验室以前使用的有证标准物质进行量值比对。必要时，可考虑将同一研制机构不同时间生产的同一种标准物质以及不同研制机构生产的同一种标准物质进行量值比对，以考察标准物质的质量。在选用基体标准物质时，尽可能选用以多个实验室协作方式进行定值的标准物质，谨慎选用由单个实验室采用一种方法进行定值的标准物质。

（10）实验室使用的内部标准物质应提供计量溯源性保证和文件证明。在最近发布的 CNAS-CL10：2012《检测和校准实验室能力认可准则在化学检测领域的应用说明》中已要求："实验室应制定程序，规定标准溶液和其他内部标准物质的制备、标定、验证、有效期限、注意事项或危害、制备人、标识等要求，并保存详细记录。标准溶液的配制应有逐级稀释记录。"

# 第六章　环境监测人员持证上岗考核

1991 年，原国家环境保护局颁布了环境监测质量保证三项制度，包括《环境监测质量保证管理规定（暂行）》《环境监测人员合格证制度（暂行）》和《环境监测优质实验室评比制度（暂行）》。在《环境监测质量保证管理规定（暂行）》中规定：环境监测人员实行合格证制度，经考核认证，持证上岗，无合格证者不得单独报出数据。为提高环境监测人员的业务素质和工作质量，《环境监测人员合格证制度（暂行）》对监测人员考取合核证的工作职责和主要内容等做了具体规定。

2006 年，原国家环境保护总局发布了《关于印发〈环境监测质量管理规定〉和〈环境监测人员持证上岗考核制度〉的通知》（环发[2006]114 号），对 1991 年的制度进行了修订和补充，使其更适应现阶段环境监测质量管理工作的需要，能更好地指导环境监测人员持证上岗考核工作。

为更好地贯彻实施《环境监测人员持证上岗考核制度》，规范持证上岗考核及管理工作，中国环境监测总站制订了《环境监测人员持证上岗考核实施细则》，对上述制度进行了全面解读，包括：考核内容、方式和结果评定；考核程序；考核组成员管理等。也给出了持证上岗申请表、考核报告及合格证模版等工作文件。

## 第一节　持证上岗考核工作的组织管理

### 一、分级管理

持证上岗考核工作实行分级管理。环境保护部负责管理全国环境监测机构监测人员持证上岗考核工作，环境监测司承担具体管理职能。国家级环境监测机构（中国环境监测总站，以下简称“总站”）监测人员的持证上岗考核工作由监测司组织实施，省级环境监测中心（站）监测人员的考核工作由总站组织实施。省级环境保护局（厅）负责辖区内环境监测机构监测人员持证上岗考核的管理，省级环境监测机构在省级环境保护局（厅）的指导下组织实施。

### 二、被考核单位职责（以省级站为例）

各省级被考核单位职责包括：

（1）向总站报送下一年度考核计划，拟定考核时间；年度考核计划外的考核需求，应在拟定考核时间前六个月向总站提出加盖公章的书面申请。

（2）在计划考核时间前两个月向总站提交《持证上岗考核申请表》。

（3）组织岗前技术培训，保证监测人员具有相应的工作能力。

（4）现场考核前，对监测人员的监测能力进行考核认定（即自考认定）。认定方式包括标准样品或实际样品测定、留样复测、人员比对、方法比对或操作演示等，可以采用平时工作中质量控制结果的积累。自考认定针对每个项目、每个监测方法。自考认定资料应齐全，每人一卷。参加省级以上（含省级）能力验证、实验室比对和质控考核且成绩合格或满意以及参加国家级标准样品研制单位样品定值且结果被采用的，三年内（按自然年计算）其结果可用于自考认定。

（5）完成非标方法（含 EPA 方法和偏离国标或行标方法）的文本编写和方法验证。

（6）配合专家组制定现场考核计划。做好各项实验室准备，如：仪器设备调试、玻璃器皿清洗和标准样品购置等。

## 三、主考单位职责

总站作为省级站的主考单位，职责包括：

（1）每年年初根据各省级站的申请下达年度考核计划。

（2）审核《持证上岗考核申请表》。

（3）沟通、协调、确定具体考核时间。

（4）根据申请项目，组建持证上岗考核组，指定组长，下达考核通知。考核组人数和考核天数根据考核内容的多少而定，一般 3～5 人，现场考核时间一般为 2～4 天。

（5）现场考核结束后，审查和批准《环境监测人员持证上岗考核报告》及《环境监测中心（站）持证上岗考核项目附表》，发布考核合格通知，制作并颁发核合格证。

（6）对现场考核工作实施监督管理。

## 四、考核组职责

考核组工作由组长负责，组员配合，其主要职责包括如下几项。

（1）组长职责

① 负责考核工作的总体组织和协调，向被考核单位介绍、阐述持证上岗考核的有关规定和要求；

② 审核申请材料；

③ 组织理论考试试卷命题，确定基本技能和样品分析现场考核内容以及自考认定抽查项目，制定现场考核计划；

④ 组织现场考核；

⑤ 负责协调和裁决现场考核工作中出现的分歧和问题；

⑥ 审核并向总站提交《环境监测人员持证上岗考核报告》附件 2 和《环境监测中心（站）持证上岗考核项目附表》附件 3；

⑦ 负责向总站汇报现场考核情况和考核组成员的工作表现；反映考核中发现的违规行为；

⑧ 负责考核试卷和记录等文件的封存。

（2）考核组成员的职责

① 服从考核组长的安排，配合组长完成考核工作；

② 完成所承担的考核工作；

③ 对考核情况实事求是、全面客观地评价；

④ 向总站反映考核中发现的违规行为。

## 第二节　考核内容、方式和考核流程

### 一、考核内容及分类

根据被考核人员的工作性质和岗位进行分类并确定具体考核内容。分为监测分析类（包括现场测试、采样、样品制备及实验室分析等）、质量管理类（包括质量保证和质量控制等）和综合技术类（包括数据管理、分析评价及报告编写、遥感解析和环境形势综合分析等）三类。

监测分析类人员的考核内容包括基本理论、基本技能和样品分析三个方面。内容包括环境监测基础理论知识、环境保护标准和监测规范、质量保证和质量控制知识、常用数据统计知识、采样方法、样品预处理方法和分析测试方法等。

质量管理人员的考核内容包括环境监测基本知识、环境保护标准和监测规范基本要求、质量管理规章制度、实验室分析和现场监测的基本知识和质控措施、数理统计知识、计量基础知识、量值溯源及案例分析等。

综合技术人员的考核内容包括监测数据的传输及管理知识、环境保护标准和监测规范基本要求、数据合理性判断、监测数据分析评价方法、报告编写要点、遥感解析技术和环境形势综合分析等。

### 二、考核方式

#### 1．理论考试

所有人员均需进行基本理论考核，考核内容根据所申请的监测项目和监测方法而定，应涵盖监测项目和监测方法的基本要求。考核方式原则上采取闭卷形式进行，男同志年满50周岁、女同志年满45周岁且从事监测工作10年以上（含10年）的人员可开卷考试。

题型包括判断、单选、多选、简答和计算等。题量与所报监测项目和监测方法数量有关。

#### 2．现场考试

现场考核重点考察基本技能和样品分析能力，采取两者相结合的方式进行。现场考核项目在所申请监测项目和监测方法中抽取，抽考的监测方法数量不少于总方法数的30%，新持证项目的抽查比例应大于已持证项目；考核项目应具有代表性、尽量覆盖到各大类别及被考核人的实际能力。

样品分析指对标准样品或实际样品的全程序测定，需提交检测/监测报告。有标准样品的项目，原则上进行标准样品测定；没有标准样品的项目，可采取实际样品测定、加标回收实验或留样复测等方式进行。标准样品测定、加标回收实验和留样复测均需有明确的测试结果评价标准。

基本技能考核着重于操作演示并结合查看报告和提问等方式进行，提问不作为单独的考核方式。操作演示不观察测试全过程，关注关键步骤。

参加国家级能力验证、实验室比对和质控考核且成绩合格或满意以及参加国家级标准样品研制单位的样品定值且结果被采用的，三年内（按自然年计算）可以免去相应项目的现场考核，成绩按通过计。

以下几点需要注意：

（1）所有采样和烟尘烟气测试以及水、气自动监测站的考核，要在现场实地进行，不允许在实验室内模拟。被考核单位需将全部采样和测试用品及仪器带到考核现场。

（2）水质采样中对应的不同项目，随机分配。

（3）对于具有复杂前处理环节（例如土壤、有机物测试等）的样品测试，必须考察前处理操作。

## 三、考核成绩评定

基本理论考核成绩达到试卷总分数的 70%为合格，否则为不合格。基本技能考核以每个项目和每个方法的操作过程达到基本要求并正确回答问题为合格，否则为不合格。样品分析考核依据分析结果进行判定，分为合格和不合格。基本理论、基本技能和样品分析的考核均合格，则评定为该项目、该方法考核合格，其中之一不合格则评定为该项目不合格。

基本理论考核或样品分析考核不合格的，一个月内可以进行一次补考。

## 四、考核程序及流程

（1）主考单位下达年度考核计划。

（2）主考单位与被考核单位协商确定考核时间，考核时间至少在上岗证有效截止日期前一个月。被考核单位应在拟定考核时间前两个月向总站递交《持证上岗考核申请表》。

（3）主考单位根据被考核单位的申请项目，组建持证上岗考核组，指定组长，并向被考核单位及考核组成员所在单位发通知。考核组成员在规定时间内将加盖单位公章的回执传真回主考单位。

（4）主考单位审查《持证上岗考核申请表》。根据考核基本要求和申请项目，考核组确定理论考试试题以及基本技能和样品分析的考核项目、考核方式和具体日程安排，并通知被考核单位。

（5）被考核单位应在现场考核前完成对被考核人员的培训，并对监测分析类人员的监测能力进行自考认定；被考核单位应在现场考核前两周向考核组提交《持证上岗自考认定表》。

（6）考核组确定自考认定项目的抽查内容，抽查比例不少于自考认定项目的 5%。

（7）考核组根据现场考核和自考认定抽查内容，制定持证上岗现场考核计划，并通知被考核单位。

（8）考核组按照考核计划实施基本理论、基本技能和样品分析考核，现场考核情况记录于《持证上岗现场考核记录表》。

（9）现场考核工作结束后，考核组形成持证上岗考核组意见，并向被考核单位通报。

（10）基本理论考试试卷及答案和《持证上岗现场考核记录表》，由考核组成员签字后封存于被考核单位，备查。

（11）考核工作结束后，考核组编写《环境监测人员持证上岗考核报告》和《持证上岗考核项目附表》，确认无误后签字，考核组长将纸质文件（签章齐全）和电子版一并上报主考单位。

（12）主考单位审定《环境监测人员持证上岗考核报告》和《持证上岗考核项目附表》，对达到考核要求者颁发《环境监测人员技术考核合格证》附件 4。

## 第三节 考核准备及注意事项

### 一、申报考核项目

（1）按岗位需要及本人实际情况申报考核项目。应控制每个人申报的项目及方法数，不要一次贪多，给考核前准备及现场考核带来很大难度。

（2）持证上岗考核项目需要与计量认证项目和方法一致，为保证工作正常开展，建议每个项目至少两人持证。

（3）申报的方法优先选用国标方法及行标方法，目前《水和废水监测分析方法》（第四版）及《空气和废气监测分析方法》（第四版）的部分方法也在使用。当书中方法与国标或行标方法相同时，应选用标准方法。但参考 EPA、ISO 等或偏离国标/行标的方法时应制定作业指导书，并写清方法来源。

### 二、自考认定

（1）应 100%进行，包括同一项目的不同方法，资料要齐全，按照申请表的序号整理。每人一卷，可以与日常开展的监测工作结合起来，曾出过报告的，可提供报告及原始记录的复印件，无需再重新做。

（2）自认定方式与现场考核方式一致，包括标样测试，留样复测，开展新项目方法验证或其他确认能力的方式。

已经获证人员需提供合格证有效期内出具的报告或原始记录复印件；合格证有效期内没有出具报告的，需要重新确认能力。新项目申请人员，应有能力确认的证明。标准方法变更的，需重新确认能力，如：做方法检出限、空白、加标回收等。

（3）能力验证或参加过质控考核的，应有结果通报或通知等证明材料，并有具体测试人员的原始记录证明材料。三年内（按自然年计算）可以免去相应项目的现场考核，成绩按通过计。

### 三、实验室的准备

（1）涉及的项目方法应有标准文本或作业指导书。

（2）仪器设备需能满足工作需要，正常开关机及运行。

（3）准备好相关试剂及标准样品。

（4）清洗干净玻璃器皿、容器等。

（5）准备好实验相关的记录表格、工作用表。

## 四、理论考试准备

（1）应考人员应根据所报考的项目和方法认真复习，做好准备。环境监测基础理论知识、环境保护标准和监测规范、质量保证和质量控制知识、常用数据统计知识、采样方法、样品预处理方法和分析测试方法等。

（2）理论考试每人试卷不同，根据申报项目方法数量题量会有所不同。由于有机考卷和专家补充出题情况存在，可能会有一人有两份以上卷子的情况。但总成绩都按卷面总分70%以上为合格。

## 五、现场考核准备

（1）对于操作演示的项目要提前与专家沟通好考查的重点步骤和关键环节，以便提前做好准备，如：清洗移液管、配制标准曲线等，以节省时间。

（2）标样测试及留样复测的考核，专家不仅看最后结果的准确性，也会关注操作过程。因此被考核人员在作准样品数据的同时要注意整个实验过程的操作步骤及要领应符合规范。留样复测同标样测定，要出具报告、签字盖章，按正式环节操作。原则上不提倡做留样复测，若须做，要有样品原值，以便对数据进行评价。

此外，样品测试报结果时，第一次报的结果和第二次报的结果在计算合格率时是不同的，请将数据结果尽量做准后再报出。

（3）水质采样考核中，由于每个人的采样项目是现场随机确定的，所以，应将所有可能用到样品容器及固定剂带到现场，若指定的采样项目因容器及固定剂未准备而不能进行，该项目按不合格计。

## 六、合格证的管理

《环境监测人员持证上岗考核制度》（环发[2006]114 号）规定：

（1）国家级环境监测机构监测人员的合格证由环境保护部颁发；省级环境监测机构监测人员的合格证由中国环境监测总站颁发；其他环境监测机构监测人员的合格证由各省级环保局（厅）颁发。

（2）合格证有效期为五年。

（3）监测人员取得合格证后，有下列情况之一者即取消持证资格，收回或注销合格证。

① 违反操作规程，造成重大安全和质量事故者；

② 编造数据、弄虚作假者；

③ 调离环保系统环境监测机构者。

## 第四节　环境监测人员持证上岗考核的技术保障

### 一、试题集编写

为更好地贯彻落实《环境监测质量管理规定》和《环境监测人员持证上岗制度》，适应我国环境监测技术发展形势，满足监测领域不断扩展和监测项目及方法日益增多的需求，全面提升环境监测人员的技术水平及业务素质，进一步规范持证上岗考核工作，中国环境监测总站于2006年组织编写了《环境监测人员持证上岗考核试题集》。在编写过程中，充分考虑了当前环境监测工作的实际需要，并努力实现既编写一个供考试复习使用的习题集又提供一本实用的学习和培训教材的目标。该习题集具有以下特点：

（1）内容全面，包含了水和废水、环境空气和废气等持证上岗考核覆盖的各大领域。

（2）以当前现行有效的监测方法标准为基准，以深刻领悟标准内涵为基本原则，以提高和考察监测人员实际工作能力为目的，将技术要点作为主要内容，注重基础理论、操作技能和应用实践。

（3）按照要素或对象、手段和项目进行了分类，按要素或对象设置章、按类设节；整合了相同监测手段的基础知识。

根据环境监测方法的发展进程，及时追踪最新监测技术，总站分别于2010年和2011年组织对试题集进行了修订，用以更好地为环境监测知识学习、培训和持证上岗考核工作提供技术保障。

### 二、项目与方法库建设与维护

根据持证上岗考核及计量认证评审的工作需要，总站在征求全国范围内相关领域专家意见的基础上，根据目前方法更新的情况及2011年22个省级监测站持证上岗考核工作的实际情况，对原《环境监测分类目录（范例）》及《计量认证和持证上岗考核项目表》进行了梳理，规范了项目名称，调整补充了监测（检测）方法，形成了现在的《持证上岗及计量认证项目与方法库》，供各单位填报时参考，使其适应于现阶段的工作需要。

项目与方法库维护人员根据各单位持证上岗与计量认证的申报情况以及方法更新情况，及时对其进行修订和完善，保证方法现行有效。

根据此阶段调整，持证上岗考核分为22大类，包括：

（1）水（含大气降水）和废水

（2）环境空气和废气

（3）土壤、沉积物

（4）固体废物

（5）煤质

（6）海水

（7）生物

（8）生物体残留

（9）机动车排放污染物

（10）噪声

（11）振动

（12）室内空气

（13）电磁辐射

（14）电离辐射

（15）室内装饰装修材料中有害物质

（16）油气回收

（17）质量管理

（18）生态环境遥感监测与评价

（19）应急监测

（20）水质自动监测

（21）空气自动监测

（22）其他

其中，前 16 大类，在项目与方法库中给出了具体的填报项目及每个项目所用的不同方法。质量管理和生态环境遥感监测与评价按类别考核，而不按监测项目考核。应急监测、水质自动监测和空气自动监测以仪器/系统为考核单位，由于各单位情况差异较大，目前未给出填报范例。

## 三、专家管理办法建立与完善

《环境监测人员持证上岗考核实施细则》对考核组成员的管理做了具体的规定：

（1）总站负责组建考核专家库，并实行动态管理，考核组成员由总站从专家库中选取。

（2）考核组成员应具备的条件

① 大学本科以上学历，具有高级技术职称；

② 较全面的环境监测或实验室分析理论知识、丰富的实践经验和较强的判断能力；

③ 具有客观公正的工作态度、良好的合作精神和较好的沟通协作能力。

担任考核组组长的专家除具备以上条件外，还应满足以下条件：

① 至少具有 5 次以上现场考核经历；

② 较强的组织和决策能力。

（3）总站负责收集对考核工作的意见和对考核组成员的反馈意见，定期或不定期组织召开交流会，推广好的做法，针对存在问题提出改进意见。

根据原国家环保总局《关于印发〈环境监测质量管理规定〉和〈环境监测人员持证上岗考核制度〉的通知》（环发[2006]114 号）相关规定，总站于 2011 年发布了《国家环境监测网质量管理技术专家管理办法（试行）》，以充分发挥环境监测质量管理技术专家在国家环境监测网质量管理工作中的作用，保障技术专家有效开展工作；同时，也为持证上岗考核提供了专家资源。

# 第七章　环境监测质量体系运行中常见问题/重点内容介绍

我国的环境监测工作起步于 20 世纪 70 年代末，系统的质量保证工作始于 80 年代。90 年代开始，各级监测站通过计量认证建立了质量管理体系，通过质量管理体系的运作来实现质量管理。环境监测的质量管理在原有主要从监测环节实施质控措施的基础上，变得更加强调和注重质量管理的系统性、全面性。

目前，大多数环境监测站建立了质量管理体系，质量管理体系的要求和规定已经覆盖了从监测任务的受理到监测工作的准备、监测的实施、结果的报出、对结果的反馈与申诉等各个环节，同时各级监测机构更加重视质量体系的执行和运用，将持续改进和不断完善的预防机制落在了实处。

质量体系是实施环境监测质量管理的有利措施。全国环境监测系统密切结合环境监测技术和管理的特点，按照《实验室资质认定评审准则》（以下简称《评审准则》）建立质量管理体系，并在环境监测工作中有效地运行和不断地改进。质量体系的建立包含管理要求和技术要求两部分。管理要求包括：组织、管理体系、文件控制、检测分包、服务和供应品的采购、合同评审、申诉和投诉、纠正措施、预防措施及改进、记录、内部审核、管理评审。技术要求包括：人员、设施和环境条件、检测方法、设备和标准物质、量值溯源、抽样和样品处置、结果质量控制、结果报告。

本章汇总并介绍了一些质量体系实施中的常见问题或易混淆的概念及其纠正方法。

## 第一节　文件控制

文件是一切管理和技术活动的依据。一个实验室的质量管理是通过对实验室内各种过程进行管理来实现的，因而需要明确对过程管理的要求、管理的人员、管理人员的职责、实施管理的方法以及实施管理所需要的资源，把这些用文件形式表达出来，即形成该实验室的质量体系文件。文件控制是指对文件的编制、审核、批准、标识、发放、保管、修订、再批准、回收和作废等过程的管理。文件控制是为了保证每一个人拥有最新且有效的相关文件。

### 一、文件分类

质量体系文件（简称体系文件）按照其载体可分为纸质文件和电子文件，按照其来源可分为内部文件和外部文件。

内部文件包括《质量手册》《程序文件》《作业指导书》和《记录》。《作业指导书》包括仪器操作规程和监测细则等，《记录》包括质量记录和技术记录。

外部文件包括法规、规章、标准、规范、规程、客户的资料和图纸等。

## 二、文件管理

体系文件是实验室实施监测活动的执行性文件，具有特定的重要性和地位。文件管理是实验室通过制定程序来管理构成质量体系的所有文件，包括文件编制、审核、批准、标识、发放、保管、修订和废止等内容。内部制定的文件需要经过编制、审核、批准、标识、发放、保管、修订和废止等管理过程，外部文件只需要批准、标识、发放、保管和废止等过程管理。

### 1．文件编制与修订

实验室对内部文件应根据文件的性质和重要程度确定编制部门，负责编制的人员应参加《评审准则》培训，熟悉实验室内部机构分工及监测能力。《质量手册》是实验室根据《评审准则》规定的质量方针和质量目标，描述与之相适应的质量体系的基本文件，一般由质量负责人或质量管理部门编写；《程序文件》是规定如何达到管理和技术要求的具体实施办法，一般由质量和技术活动执行部门共同编写；《作业指导书》和《记录》是表达质量体系中每一步详细的操作方法及操作必须记录的各种信息，一般由质量和技术活动执行部门分别完成。文件修订一般由原编制部门或编制人完成。

### 2．文件审核

《质量手册》和《程序文件》一般由技术管理层负责审核；《作业指导书》和《记录》可由部门负责人审核。

### 3．文件批准

《质量手册》和《程序文件》由最高管理者批准；《作业指导书》和《技术记录》由技术负责人批准；《质量记录》由质量负责人批准。外部文件（包括国家标准等）根据实验室文件的规定而定。

### 4．文件标识

实验室使用的文件必须是现行有效版本，因此，文件需要加以标识，满足文件管理中修订、发放、使用和回收等工作的需要。文件都应有文件编号，以便于识别。编号中应包含文件的当前修订状态，以标明修订版次，例如，程序文件页眉右上方的“版次/修订次 4/2”，表示该程序为第 4 版、第 2 次修订版本。为区别文件的有效状态，文件上应加盖“受控”或“非受控”印章；所有“受控”文件，均应列入受控文件清单加以管理。文件作废时，应加盖“作废”印章，使之区别于现行有效文件。

### 5．文件发放与收回

体系的内部文件发生任何变化或与监测活动质量相关的外部文件发生变化，均应实施新文件的发放和原有文件的收回，以保证实验室中出现的都是现行有效版本。例如，体系文件改版或修订、监测分析方法标准或监测技术规范变更时，应将新文件或新标准封面右上角盖上“受控”印章，按照规定的发放范围，发放给相关人员，同时收回他们手中的过期文件。发放和收回文件必须签字确认。若实验室中出现多于一种版本的文件或多于一种格式的记录表格，则说明实验室质量管理混乱、失控。

6．文件保管

所有“受控”文件均应妥善保管，损坏或丢失应到文件管理部门补办手续。档案室必须存有一套“受控”文件，必要时，质量管理部门也可保存一套。为保持文件编制或修订的痕迹，“作废”文件也应妥善保管 1～2 套。

7．文件变更

（1）内部文件变更，一般由原审批人审核、批准，文件改版后应重新颁布，修订后应重新发放，修订内容应在修订页中说明。

（2）监测分析方法（含技术规定和规范等）的变化会引起对监测活动及其技术文件有效性的影响，是外部文件变更的重要内容，实验室应指定专人进行定期或不定期的查新；发现这类外部文件变更时，应首先进行内部确认以判断其适用性，按照新项目工作程序实施方法验证并证明本单位具有相应监测能力后，应向质量技术监督部门（即计量认证证书发放部门）提交书面变更申请（或备案）。

## 三、常见问题

（1）对文件控制的范围未给予明确规定，没有对受控、非受控和作废文件给予严格的界定。

（2）文件控制清单未涵盖全部有效文件，《作业指导书》或部分监测方法没有受控。

应按文件分类分别建立控制清单，如质量手册、程序文件、作业指导书、质量记录、技术记录和标准规范等。

（3）在用文件无有效标识或标识系统不健全。

对控制文件应建立唯一标识编号系统（包括发布日期或修订日期、页码和总页数等），设计要简单易辨，便于使用与管理。

（4）文件无发放、保管、修订和废止的全过程管理记录或记录不全面。

在文件管理中，实验室应：

① 在管理体系文件中明确文件管理的部门或人员及其实施文件日常发放、保管、修订和废止的岗位职责。

② 将下载文件纳入控制管理，明确下载文件的适用性和有效性识别及评定。

③ 从使用现场收回失效或废止文件版本，按照管理程序给予标识、保存或销毁，确因工作需要或其他原因需要保留的作废文件，应特别关注其标识，以防误用。

（5）受控文件和非受控文件概念不清。

控制文件分成“受控”和“非受控”两种版本，“受控”文本限本单位工作人员使用，在文件首页标有“受控”字样，必须有发放、更改、追踪、收回和作废等记录。“非受控”文件一次性发放，首页标有“非受控”字样，用于与外部人员的交流和使用，不加以控制。

“受控”文件发放要有发放编号，以便于受控管理。

（6）忽略文件的定期审查，修订或变更手续不全。

① 出现组织机构发生较大变化、评审准则修订、管理评审时发现体系文件不适用等情况时，应及时进行体系文件审查，实施必要的修订或再版。

② 应设专人负责对在用的标准、技术规范和监测方法进行不间断的跟踪，定期进行清理或查新。应建立相对固定的查新或文本购买渠道。

③ 应严格执行文件修订或变更过程中的修订、审查和批准等工作程序，并保证签字等手续齐全。外部文件的批准不是针对文件内容，而是对文件适用性的批准，即“批准使用”。

（7）文件控制程序中缺少有关电子版文件的控制和管理条款。

应制定对电子版本文件进行管理控制的条款，计算机软件也应与其他文件一样，授权专人操作或修改。

## 第二节　服务和供应品采购

### 一、服务和供应品所包含的内容

服务包括仪器设备计量检定、校准服务；仪器设备安装、调试维修保养服务；环境设施的设计生产制造安装维护保养；“三废”处理服务；技术培训服务；技术标准资料和情报资料的采购服务等。

供应品包括实验室所需仪器设备和消耗性材料等。其涵盖对监测质量结果有显著影响的仪器设备和消耗性材料，如容量分析器具、有纯度要求的化学试剂、标准物质（包括标准溶液、标准气体、菌种）、实验用水、采样吸附管、气体吸收瓶、校准设备、滤纸和滤膜、安全设施和个人安全防护装备等。

### 二、合格服务方和供应商名录

（1）搜集生产厂家名单、生产厂商资质和服务业绩背景资料。

（2）对供应商是否通过质量体系认证、货源是否稳定、价格是否合理、包装运输能力、履行合同、售后服务质量等情况进行审查。

（3）对生产商提供的产品质量进行确认。

（4）定期对以上内容进行综合评价，合格者录入供应商名录，并经相关人员批准。

（5）实施采购计划时，要从已建立的合格供应商名录中进行选购。

### 三、采购品验收

实验室应对供应品、试剂和消耗性材料进行验收并保留验收记录。例如，采购试剂时，测试人员要对其质量（空白值检验等）进行符合性检验（覆盖不同批号），做好相关记录，合格后方可使用；对有证标准物质，应检查标签、证书或其他证明文件的信息；对消耗性材料，要判断其是否满足检测方法的要求。例如定期检查水净化系统的性能以确认制备的纯水是否满足检测要求等。应保存上述检查验收记录并及时反馈到相关管理部门。

### 四、常见问题

（1）未建立合格服务方和供应方名录或建立的名录没有经过相关人员批准。

（2）实验室没有采购品的验收记录，或采购验收记录不完整。如：实验室未提供一、二级实验用水质量验收记录。

（3）未全面评价合格供应商，个别供应商未列入评价范围，供应方资质证过期。

（4）对供应、服务方没有定期进行评价。

# 第三节 合同评审

合同评审是指合同签订前对合同草案的评审，是指实验室对客户约订提议未接受前（即签订合同、接受订单前），由实验室对标书、合同草案、书面或口头的订单草案进行系统的评审活动，以保证客户提出的质量要求及其他要求合理、明确且文件齐全，同时确定实验室有能力和资源履约。合同评审总的要求如下：

（1）按照服务项目的具体情况实施分类评审

服务项目有的是新项目，有的是老项目；有的复杂，有的简单；有的技术要求高，有的技术要求低；有的关系重大，有的影响一般等，千差万别。实验室应区别不同情况、组织不同人员、按照不同要求、遵循不同程序进行评审。

（2）要充分重视评审记录

对综合性大型项目、影响重大的项目和首次开展的项目，不仅要分析实验室自身是否有技术能力和充分资源来承接以及是否需要分包或委托，也要关注和考察对方的观点，包括提出的异议或认同的意见，明确双方最后达成的一致意见。实验室要在双方达成一致的基础上开展检测/监测工作。

（3）注意风险规避

对需要分包的合同，实验室尤其需要考虑风险规避的问题，不能为了争取业务而大包大揽，应在尽量为顾客提供方便的同时保护自己，防止无谓的利益损失。

（4）合同书应充分体现顾客要求

实验室既要重视大宗业务的检测/监测合同（协议）书起草、评审和签订的细节问题，也要认真考虑通用的检测/监测合同格式，使顾客要求和意见在合同书上充分得以体现，既明确顾客的要求，也方便自己的工作。

合同评审方式分为简单合同评审和大型合同评审。

## 一、简单合同评审

简单合同一般是指常规、简单、例行或金额小于 5 万元的环境监测业务合同。

环境监测绝大多数合同为简单合同，为了加快业务办理效率，简单合同一般由业务人员对合同的有关内容进行确认后签字即完成了合同评审。

## 二、大型合同评审

大型合同是指简单合同以外的、复杂的、重大的或金额大于 5 万元的环境监测业务合同。

大型合同评审应确保：

（1）客户的要求（含完成时间）。

（2）满足客户要求的监测能力。

（3）满足监测工作的监测方法。

大型合同评审一般按下列程序进行：

（1）由技术负责人主持评审；需要时，召集技术委员会人员或相关人员参加评审。

（2）业务人员汇报草拟合同，若有草拟的监测方案由项目负责人汇报，再由评审成员对评审的内容进行逐条评审，提出改进意见。

（3）会后由业务人员根据评审结果对合同进行修改，并通知客户方，得到客户方的确认。

（4）在实施中，如需修改，由项目负责人提出修改意见，填写“合同变更申请表”，必要时，应由技术负责人重新主持评审修改内容，修改后的合同由最高管理者或授权人签发，并得到客户的认可。

应保存大型合同评审的记录，包括修改合同的再评审记录、合同执行期间就客户的要求与工作结果与客户进行讨论的有关记录、任何重大的变化记录等。

### 三、常见问题

（1）合同评审程序不完善，有关评审内容和评审记录等不能满足《评审准则》的要求。

合同的要素应包括技术要素、财务要素、时间要素、法律责任要素、分包要求、样品要求、保密和保护所有权的要求、传送检测结果的要求、根据检测结果提供意见和解释的要求以及其他要求等。技术要素还应包括对检测方法的要求、检测条件、样品相关要求和结果的相关要求等。

（2）对合同的任何偏离没有通知客户，或没有相关记录。

在合同执行过程，由于各种原因不能完全按原来的合同执行，如某些项目不能进行监测或监测次数减少或监测方法发生变化等，这些变化应通知客户，并应填写合同变更记录。

（3）合同修改没有经过再评审或修改的内容未通知所有受影响的人。

合同已完成评审，在执行前双方或有一方发现有些内容难以完成，并作了修改。对修改的内容应按原来的程序重新进行评审，并通知所有受影响的人。

（4）实验室采用非标方法没有征求客户同意。

客户委托的监测项目中如存在使用非标方法，必须要征求客户同意，并在合同中予以注明。

（5）不能对合同评审过程实施记录，记录中不能缺少监测能力、资源和监测方法等内容。

## 第四节　记　录

记录是文件的一种，是证明监测活动符合要求和体系运行有效的证据。实验室应制定记录管理程序，对记录编制、填写、更改、标识、收集、检索、存取、归档、贮存、维护和清理等各环节的职责及要求等予以明确。

## 一、记录的定义和分类

记录是质量体系运行结果和记载监测数据、结果的证实性文件。记录的形式可以是卡片、表格、图表或报告，也可以是数据库、存储在服务器、磁带、软盘或胶片等媒体上的信息。记录分为质量记录和技术记录两类。质量记录是指质量体系活动中所产生的记录，是质量体系活动的证据，是质量活动追踪和预防的依据，主要包括内部审核记录、管理评审记录、纠正和预防措施记录、申诉和投诉记录、人员培训记录和质量监督记录等。技术记录是进行监测活动的记录，包括采样记录、检测的原始记录和检测报告等。

## 二、记录的信息

记录应包含足够的信息，能够“再现”已经过去的工作过程，可以使管理和监测分析过程再现。主要信息一般包括时间、地点、项目、仪器设备、环境设施、采用方法、实施过程、相关人员和样品描述等。

## 三、记录的归档

实验室应规定记录保存期限和为客户保密的要求。保存方式应安全并便于查阅。环境质量监测、污染源监测、建设项目环境保护竣工验收监测、仲裁监测、应急监测、科研监测、质量或污染调查等活动的原始测试记录应永久或长期（16～50 年）保存。一般性委托监测、持证上岗考核、质控考核、抽查抽测和同步监测的原始记录建议至少保存 10 年。

## 四、常见问题

（1）记录的形式界定不清，未建立控制记录清单。

（2）记录不全或记录信息不全。例如，缺标准溶液配制记录或记录信息量不全（配制和标定信息）。固体物质分析原始记录缺称重信息（如电子天平型号、称重人员等）。气态样品分析缺滤筒、滤膜恒重信息。废气采样、现场监测记录缺实际工况、点位图、打印数据、采样时段、采样或监测方法依据等信息，缺仪器校准记录。水质采样记录缺样品感官状态描述、缺样品添加保存试剂、采样时段、采样或监测方法依据、现场质控信息（现场空白、平行、加标）。实验室监测原始记录缺样品前处理信息（如土壤样品的制样过程、样品消解信息）。化学工作站的监测数据、曲线、谱图未打印或未妥善保存。交通噪声监测原始记录缺少车流量信息。非固定场所监测未记录环境条件。

（3）对电子数据的控制不到位或没有加以控制。

为了防止电子形式存储的记录和数据的丢失、擅自修改和失密，硬拷贝形式的数据或计算机的检测数据必须是原始的，不能随意改动，以作可信的档案数据。应用计算机自动化采集数据，应坚持硬盘备份、定期刻录和电子签名三项措施。

（4）填写记录涂改和事后追记，主要有：

① 在填写记录过程发生数据填写错误时，没有用划线盖章或签字法或按照程序要求进行修改，而是擅自任意涂改。

② 现场记录和部分实验室记录存在工作后追记或补记现象。

③ 原始记录的数据栏，如有空格应填写“/”、“以下空白”或加盖“以下空白”章；其他非数据栏，如有空格可不填写。

（5）归档不及时。原始记录在填写、校核和审核工作完成后，未及时或按期存档。

（6）分析人员签名不完整或无资质。参与监测分析的人员均应签名，未持证人员不得单独在测试人员处签名。

（7）记录缺少受控标识。

## 第五节 内部审核

内部审核是实验室自身对质量体系进行的自我审核，是对质量体系运行的符合性、规范性进行的自我评价。内审要体现其正规性、独立性、公正性和改进性原则。内审是有组织、有计划的系统性自我检查活动。

### 一、内审计划

编制内审计划的目的是保证内审的实施有计划地进行，同时便于管理、监督和控制内审的有效实施。内审计划一般由审核组长制订并由质量负责人批准。

#### 1. 内审计划的形式

内审计划的形式分为集中式和滚动式。集中式内审计划：在某规定的时间段内安排所确定的内审内容的全部审核，常用于要求审核和跟踪评审在较短的限定时间内完成的内审活动。滚动式内审计划：在不同的时间段内分别安排所确定的内容的全部审核，一般用于评审时间持续较长，重要部门安排多频次审核的内审活动。

#### 2. 内部审核计划的内容

一个完整的内审计划一般包括下列几项内容：审核目的、性质、形式、依据、范围、区域、部门、要素（过程）、场所和分工等。

### 二、内审的实施

内审实施的内容主要分为文件评审与现场评审。

文件评审的重点是检查体系文件与评审准则的符合性、充分性、协调性和可操作性。现场评审重点是检查体系文件执行过程的符合性、充分性、有效性和效率。

#### 1. 文件评审

文件评审的内容主要包括：

（1）现场使用的操作性文件协调性与适宜性，以及文件的控制情况。

（2）以往内审的不符合报告、内审报告。

（3）上次管理评审的报告。

（4）与检测/监测结果质量保证有关的材料，如能力验证、实验室间比对、期间核查结果/报告等。

（5）客户反馈的信息。

2. 现场评审

内审实施的现场评审阶段以首次会议为开始，以末次会议为该阶段的结束。

内审现场工作文件包括：

（1）内审首、末次会议参会人员签到表。

（2）内审现场审核检查记录表。应考虑内审员的经验、知识、能力等来决定检查记录表编制的繁简。检查表可按照部门进行编制，即部门检查表；也可以按照《评审准则》的要素和条款进行编制，即要素检查表。部门检查表应紧紧围绕部门的主要职能展开，其格式一般包括部门所承担的职责、按职责提出的问题、对应的标准条款、观察结果等。要素检查表是按要素将对应的评审条款及体系文件要求分散在多个部门中进行编制，内容要能够充分说明该要素是否在体系运行中起到应有的作用。

（3）不符合项报告及纠正措施完成表

① 不符合项报告及纠正措施完成表的内容应包括：

- 不符合项所在的区域/部门；
- 不符合事实的描述；
- 不符合产生的原因；
- 不符合的审核依据及对应的条款；
- 不符合项的程度（严重不符合/一般不符合）；
- 不符合项纠正和预防措施及其预定完成日期；
- 纠正和预防措施完成情况及其跟踪验证；
- 内审员和受审核部门代表的签字；
- 审核日期。

② 不符合项的性质有三种，即：

- 文件性不符合：是指体系文件规定不妥当、资料不充足或机构划分不合理等问题；
- 实施性不符合：是指规定的要求未被遵循，实际工作与规定不符的现象；
- 效果性不符合：有规定，也按规定执行了但没有达到效果或效果不佳。

③ 不符合项的程度有两种，即：

- 严重不符合项

出现下列三种情况之一，即成为严重不符合项：质量体系出现系统性失效；质量体系出现区域性失效；后果严重的不符合项。

- 一般不符合项

质量体系出现个别的、偶然的、没有造成严重后果的不符合项，或者出现少量不符合项，但对质量体系的影响是次要的和轻微的。

④ 不符合项的确认

- 现场审核时发现的事实，应准确记录在“现场审核检查记录表”上，并与陪同人或被审部门负责人达成共识。
- 确认所发现的事实是不符合项时，应由陪同人员、该部门负责人或质量负责人当场确认。
- 全部审核工作完成后，经内审组评定确定不符合项。

## 三、内审报告

### 1. 内审报告的编制

内审报告由内审组长负责编制，内审组长对内审报告内容的准确性和完整性负责，并负责向内审管理部门/质量负责人提交内审报告。报告应叙述清楚、措词确切，如实反映内审的过程和结果，结论客观公正。质量负责人审核、实验室负责人审阅批准后由内审归口管理部门按规定范围受控分发到相关部门并存档。

内审报告的附件中还可加上不符合项分布表、纠正措施要求完成的期限等内容。

### 2. 内审报告的主要内容

（1）内审的目的、依据、范围和内容；

（2）内审日期、地点及内审报告的编号；

（3）内审组长及成员的审核分工；

（4）审核结果（不符合项数量、分类及评价）；

（5）内审结论（对质量体系的符合性和有效性、质量保证能力进行评价并提出改进，确认是否具备接受外审的条件等）；

（6）附件（包括内审实施的日程安排表、检查记录表、不符合项报告、首末次会议签到表等，还可加上不符合项分布表、纠正措施要求完成的期限等内容）；

（7）审核组长及受审部门负责人签名确认；

（8）报告的审批签发及分发范围清单。

## 四. 内部审核的后续跟踪

### 1. 纠正与纠正措施的区别

纠正：为消除已发现的不符合项所采取的措施，是对不符合现象的消除。

纠正措施：为消除已发现的不符合项或其他不期望情况的原因所采取的措施，是对产生不符合项原因的消除。

### 2. 纠正措施跟踪验证的目的

纠正措施跟踪验证的目的在于：对已经发生的不符合及时进行纠正，防止或减少已出现的不符合所造成的影响。促使受审核部门认真分析产生不符合的原因，针对产生不符合的原因采取消除原因的纠正措施，从而防止类似的不符合再次发生。促进质量体系的不断完善和改进。

### 3. 纠正措施跟踪验证的方式

纠正措施的跟踪验证通常有下列两种方式：

（1）受审核部门提交纠正措施完成的书面资料与证据，内审员通过书面评审予以验证。一般性的不符合通常采用这种验证方式。

（2）到受审核部门的现场进行现场审核方式的跟踪验证。严重不符合项和必须到现场才能验证的不符合项，采取这种验证方式。

### 4. 纠正措施跟踪验证的执行人

纠正措施跟踪验证的执行人通常是内审组长或内审组成员。

跟踪验证活动是一次审核活动的后续工作，内审组的成员执行跟踪验证时，应该注意保持独立性，尤其是在审核中提出过改进建议的内审员，在做跟踪验证时，更应注意验证活动的公正性。内审的管理部门应对采取的纠正措施的有效性进行跟踪验证。

**5．纠正措施跟踪验证的主要内容**

纠正措施跟踪验证的主要内容包括：

（1）对不符合项是否已采取纠正行动，使已存在的不符合得以处置，避免其影响的继续存在；

（2）产生不符合项的原因是否查找准确；

（3）是否针对产生不符合的原因制定出纠正措施的计划，计划是否可行；

（4）纠正措施计划是否按规定的时间予以实施；

（5）纠正措施实施后，是否进行了自我验证，是否有效，是否杜绝了同类不符合的再次发生；

（6）纠正措施计划及实施的情况是否有相应的记录，纠正措施引起的程序文件的更改是否形成文件，是否得到实施。

**6．纠正措施跟踪验证的注意事项**

（1）一般只针对所提出的不符合项进行跟踪，但若有其他问题也应指出；

（2）不符合发生原因分析应清楚彻底，抓住要害；

（3）纠正实施过程中是否需要其他部门配合支持；

（4）涉及文件更改、体系调整的是否已有效执行；

（5）是否在要求的期限内完成；

（6）不符合项纠正最终效果如何；

（7）有无记录，记录质量如何；

（8）未完成或无法完成的要提交管理者做出决策。

## 五、常见问题

（1）未按程序文件规定策划内审。

（2）未制定年度内审计划。

（3）未制定具体的内审实施方案。

（4）内审活动未覆盖全部要素和所有部门。

（5）现场检查情况未当场予以记录，存在事后整理补记现象。

（6）不符合项的存在未分析原因、未提出纠正措施。

（7）不符合项的纠正未规定整改期限。

（8）不符合项的纠正未附佐证材料。

（9）不符合项整改情况及效果未跟踪验证（内审未封闭）。

（10）内审报告的内容不全面，缺少评审过程和改进方向。

（11）内审结论太简单，缺少对管理体系的有效性与符合性的评价。

（12）内审报告的审批、发放范围不明确，且发放未登记在案。

（13）内审过程形成的文件，记录和报告不完整或缺少受控标识。

（14）内审材料未收集归档。

（15）内审员没有任命文件或未受过系统的培训。

（16）内部审核报告未采用受控的质量记录填写。

## 第六节　管理评审

实验室最高管理者应根据预定的计划和程序，定期地对质量体系和检测/监测活动进行评审，以确保其持续适用和有效，并进行必要的改进。

管理评审应考虑到：政策和程序的适应性；管理和监督人员的报告；近期内部审核的结果；纠正措施和预防措施；由外部机构进行的评审；实验室间比对和能力验证的结果；工作量和工作类型的变化；申诉、投诉及客户反馈；改进的建议；质量控制活动、资源以及人员培训情况等。

### 一、管理评审计划

管理评审应事前有计划，并遵循预定程序进行。往往在岁末或年初，结合检测机构年度工作总结或任务开展。

管理评审计划的内容应包括：评审目的和评审依据，评审时间、评审范围和评审重点，评审方法和评审内容，管理评审的输入，参加评审的部门和人员等。

管理评审计划的输入一般包括：

（1）政策和程序的适应性。主要考虑根据评审准则制定的一系列政策和工作程序是否符合本单位的实际和特点。

（2）管理和监督人员的报告。主要考虑管理人员和监督人员对某人或对某项检测/监测业务开展监督的报告及问题分析，各部门对本部门体系运行情况的总结，目标的完成情况，质量负责人总结整个实验室的体系运行情况、方针和目标的完成情况。

（3）近期内部审核的结果。主要考虑最近一次内部审核工作的结果和存在的问题。

（4）纠正措施和预防措施。主要考虑针对出现的不符合或为消除潜在的不符合原因而采取的纠正措施和预防措施以及实施效果。

（5）由外部机构进行的评审。主要考虑发证机构、客户或其他部门对实验室外部评价后，反映出的问题、意见和建议。

（6）实验室间比对和能力验证的结果。主要考虑参加有部门组织的能力验证或开展比对工作，监测数据和结果是否符合，特别是出现不符合时的分析报告。

（7）工作量和工作类型的变化。主要考虑近期工作量的变化（主要是增大）对保证质量的影响，以及工作类型的变化对设施和资源的要求是否能够适应等。

（8）申诉、投诉客户反馈。主要考虑来自客户的各种投诉、申诉以及其他的反馈意见。

（9）改进建议。主要考虑各级各部门对管理体系改进提出的意见和建议。

（10）质量控制活动。主要考虑开展内部质量控制活动的情况和结果分析。

（11）资源以及人员培训情况。主要考虑现有的资源是否能够保证检测/监测工作的正确开展、现有人员的技能和业务素质是否适应所开展检测/监测项目的需要等。

## 二、管理评审的实施

### 1．策划与准备

质量负责人根据预定的管理评审程序、年度管理评审计划、内审报告以及收集到的“管理评审的输入”信息制定管理评审实施方案；管理评审实施方案的内容应包括：评审目的和评审依据，评审时间和会议地点，参加评审的部门和人员、评审范围和评审重点，评审方法和评审内容，评审输入信息材料的准备及分工，实验室其他日常管理相关议题的准备，并指定会议记录人、管理评审报告编制人。

管理评审计划和实施方案由最高管理者批准。

### 2．管理评审的实施

管理评审以评审会议的形式进行，由最高管理者主持（或委托代理人主持），最高管理层人员、各部门负责人和质量管理人员参加（如：内审组长、相关部门监督员、质量管理部门人员）。参会人员按照管理评审计划对本单位质量管理体系的有效性和适用性进行充分的讨论、认真评审，对存在或潜在的不符合项提出纠正措施、预防措施，确定责任人和完成期限。随时性的评审会议由组织者决定参加人员，评审会议需对涉及的评审内容做出结论性意见（包括拟采取的纠正措施）。

## 三、管理评审报告

管理评审会议结束后，由质量负责人根据管理评审结果及结论，在规定的时间内编写管理评审报告。报告无统一格式，可以设计成表格式，也可以用文字表述。管理评审报告主要包括以下 5 个内容：

（1）实施管理评审计划的全过程情况。

（2）对质量体系内审报告中提及的整改措施的落实情况进行的评价。

（3）对《质量手册》和相关质量体系文件的适用性、系统性提出意见。

（4）对质量体系运行及适用性等情况做出综合性的评价。

（5）提出改进目标。根据上一年的质量方针和目标完成情况，确定是否要调整改进。

管理评审报告经最高管理者审批后监控执行，与评审有关的资料、材料和记录等由质量负责人组织质量管理部门或相关人员归档保存。

## 四、管理评审输出的改进措施

管理评审报告经最高管理者审批后，由质量管理部门分发到最高管理层和各部门负责人，由相关的主要领导及职能部门组织落实。

管理评审决定的各项改进措施应反映在本年度的工作目标、计划及质量管理体系文件的修订等方面，质量负责人对改进措施的完成情况进行监督和控制，并将其作为下次管理评审的输入信息。

对管理评审中发现的问题应确定改进措施和整改要求，在适当和约定的期限内对确定的改进措施进行落实，质量负责人组织内审员对整改措施的落实情况进行跟踪验证。对采取的措施和实施情况的验证应予以记录。

### 五、常见问题

（1）未制定年度管理评审计划或评审实施方案。
（2）管理评审输入信息不全或无书面资料。
（3）缺少现场评审记录或事后整理补记。
（4）评审报告提出的管理体系和检测质量改进的目标与措施不明确。
（5）最高管理者未参加管理评审。
（6）管理评审的输出无具体的决议和规定。
（7）评审报告内容过于简单，缺少管理评审实施过程，结论笼统。
（8）评审结论未对管理体系文件的适用性及体系运行的有效性进行综合性评价。
（9）未对整改措施的落实情况进行跟踪验证或验证未予以记录。
（10）未提出持续改进的目标和措施。
（11）评审内容与评审报告的因果关系不清。

## 第七节　质量监督

### 一、质量监督的定义及范围

#### 1. 质量监督的定义

质量监督是指为了确保满足规定的质量要求，对产品、过程或体系的状态进行连续的监视和验证，并对记录进行分析的活动。

质量监督是一种质量分析和评价活动。

#### 2. 质量监督的目的

加强对监测人员及其监测过程的质量监督，使整个监测过程处于受控状态，避免对质量体系和监测工作的质量产生不良影响，确保监测质量能够达到质量体系规定的要求，并满足客户的需要。

#### 3. 质量监督的范围

质量监督的范围包括从采样、分析到监测报告形成的全过程。

### 二、质量监督的重点

#### 1. 质量监督的内容

（1）人员

人员配置是否满足监测工作需要，资格是否符合相应监测工作的要求。在培、签约、额外技术及关键的支持人员是否满足相应的要求。

（2）仪器设备

仪器设备的使用是否在检定/校准有效期内，状态标识是否完整，仪器设备的运行情况是否良好，运转记录是否齐全，档案管理是否规范。

（3）工作环境

从事监测工作的环境条件是否能够满足监测工作需要和仪器设备、材料对环境条件的要求。环境条件是否能够保证人员和设备的安全。

（4）监测方法

监测过程使用的监测方法是否现行有效。监测全过程是否已按标准过程执行。对于监测过程中发现的偏离和问题，应做到及时记录和处理，并填写《质量监督检查记录》；对于重大质量问题应及时向实验室负责人汇报。

（5）样品准备

样品标识是否符合要求。样品是否适合于要进行的监测活动。

（6）监测记录

监测过程的各种原始记录是否按《记录管理程序》中的要求执行。原始记录中的各种数据是否正确。

（7）监测报告

监测执行标准是否正确。监测结论是否准确，对可疑结果要进行核查。监测报告编写是否规范化、标准化。监测报告编号是否具有唯一性。

**2．质量监督的重点**

（1）检测/监测的关键环节。

（2）关键支持人员、合同制人员，培训中及新上岗的人员。

（3）刚实施的新标准和新方法以及偏离的方法。

（4）操作难度大的样品和项目，新的检测项目。

## 三、质量监督的实施

**1．任命质量监督员**

以文件形式任命熟悉各项检测/监测方法、程序、目的和结果评价的人员担任质量监督员，负责本部门日常监测工作的质量监督和检查。

质量监督员数量可根据监测工作所涉及的专业技术领域考虑，以能够满足工作需要为原则。不同专业技术领域应设置不同的质量监督人员。

**2．制定质量监督工作程序**

为保证监测工作质量，有效开展质量监督工作，应制定质量监督工作程序，明确质量监督员的任职条件、工作职责和工作要求，实施监督后应提供的证实性记录和结果以及在监督工作中发现的“不符合”工作处理意见等。

**3．制定年度质量监督计划**

年度质量监督计划由质量负责人组织质量监督员制定。

质量监督计划应包括：

（1）质量监督工作的目的和依据。

（2）监督范围、内容和监督对象。

（3）监督工作频次、方式和方法。

（4）监督工作实施时间和责任人。

#### 4．突出质量监督重点

应根据不同工作任务和不同工作阶段的实际情况确定质量监督的重点。

#### 5．做好质量监督记录

质量监督记录应表格化并有受控标识，应在监督工作现场及时、完整的予以记录，不得补记。

当发现监测工作已经发生偏离，数据和结果已显然不可靠时，有权要求操作人员立即终止监测工作，并做好异常情况记录，同时对发现的不符合项制定纠正和预防措施。对于现场无法立即纠正的重大问题，填写不符合项和潜在不符合项记录表，报质量负责人审核，明确纠正措施和整改时限，整改期间不得继续类似监测工作。

在被监督对象完成纠正和整改后，质量监督员应对其进行跟踪验证，评价监督工作符合性，确认已消除不符合项后方可开展工作。

质量监督活动相关记录应收集归档保存。

#### 6．形成质量监督报告

质量监督员在一定时期应将监督检查结果形成监督报告，上报给质量负责人，对检测监督过程中发现的问题进行统计分析，以便对监督的有效性进行评价并作为管理评审输入的内容。

### 四、常见问题

（1）未制定质量监督工作程序。

（2）缺少质量监督工作计划。

（3）未明确质量监督员的任职条件、工作职责、权力和分工。

（4）未能提供监督活动记录和报告。

（5）质量监督记录与报告缺少受控标识。

（6）质量监督记录未能在现场当时予以记录而是事后整理补记。

（7）对于监督中发现的不符合项未能制定纠正和预防措施。

（8）缺少对新进技术人员、合同制人员的监督记录。

（9）质量监督员没有经管理层任命。

（10）对于质量监督工作结果未进行有效性评价或未纳入管理评审。

## 第八节　监测方法确认

### 一、方法选择的原则

#### 1．实验室在开展监测工作时，监测方法选择次序

（1）实验室应优先选择国家标准、行业标准、地方质量/排放标准配套的方法标准；

（2）当没有合适的国家标准、行业标准、地方质量/排放标准配套的方法标准时，实验室可以采用国际标准，但仅限特定委托方的委托监测；

（3）当没有合适的国家标准、行业标准、地方质量/排放标准配套的方法标准和国际标

准时，实验室自行制订的非标方法，经确认后，可以作为资质认定项目，但仅限特定委托方的监测；

（4）若同一项目有多个监测方法，选用时，还应考虑检出限、测量范围和干扰等技术指标能否满足实际工作的需要。

**2. 业务人员在承接业务时、监测人员在工作中，方法选择次序**

（1）优先选择已通过计量认证或实验室认可的能力范围内方法。

（2）能力范围外已通过方法验证的标准方法。

（3）能力范围外已通过方法确认的非标准方法。

不在上述范围内的方法不能采用。

## 二、标准方法的偏离

**1. 标准方法偏离的主要因素**

发生标准方法偏离的情况主要包括：

（1）适用对象发生变化。例如用测定空气中甲醇的变色酸比色法来测定水中甲醇，方法的使用范围发生了偏离。这种偏离必须进行方法验证或评审。

（2）样品前处理步骤发生变化。属于标准方法的技术路线发生变化，必须进行方法验证或评审。

（3）仪器条件发生变化。液相色谱仪或气相色谱仪等仪器条件在标准方法中本来就属于参考条件，这样的偏离原则上是允许的；如果方法中规定使用分析纯试剂，实验室却使用了化学纯，这是不允许。

（4）仪器部分配件发生变化。例如，标准方法中为填充柱气相色谱法，实验室实际采用方便且回收率高的毛细管柱。这类偏离是由于标准跟不上监测技术发展造成的，偏离是允许的，但必须要进行方法确认。

（5）常规检验关键技术参数发生偏离。例如，加热温度或反应时间等。如：方法规定水分 105℃恒重法检验，实验室却使用了 103℃。这类常规检验对标准方法的偏离无法以加标回收试验来证实，均可认为是不允许的。除非实验室坚持偏离，并以能力验证的满意结果来证明偏离有效。

（6）监测过程中部分操作发生偏离。例如，标准方法规定需要萃取 3 次，而实际操作只萃取了 2 次；标准方法需要用 30 mm 比色皿，而实际操作用 10 mm 比色皿等。这类偏离需要进行方法确认后才可以允许偏离。

不允许的偏离主要包括以下几种情况：

① 可能涉及法律和法规的规定。

② 涉及合同质量。

③ 涉及质量方针。

④ 有违实验室的公正性。

⑤ 有严重不良的社会影响。

⑥ 对人身和财产构成危害。

⑦ 对仪器设备和样品有影响。

⑧ 影响监测结果的仪器设备偏离。
⑨ 影响监测结果的环境条件偏离。
⑩ 样品出现损坏的。
⑪ 影响监测结果的监测人员身体健康因素。
⑫ 难以追溯结果。

## 三、新方法和变更方法的确认

### 1．新方法和变更方法的验证

采用新的标准方法（含变更方法）实施监测前，必须先要进行方法验证。监测人员不应使用没有经过方法验证的标准方法，也不能使用超范围的国际标准方法，更不能使用未经确认的非标方法。验证方法可以采用方法比对、标准样品测定或实验室间比对等方式，应编制方法验证报告，以证明其能满足预期的用途。

### 2．新方法和变更方法的确认

新方法和变更方法的确认可采用以下 5 种技术手段之一，或是其组合进行确认：
（1）使用标准物质进行核对。
（2）与其他方法所得结果进行比较。
（3）实验室间比对。
（4）对影响结果的因素进行系统性评审。
（5）对所得结果不确定度进行评定。

### 3．方法验证/确认报告内容

方法验证/确认报告应包括以下内容：
（1）方法名称及编号；
（2）适用范围；
（3）对样品要求；
（4）被测定项目名称及范围；
（5）仪器设备和标准物质；
（6）环境条件；
（7）操作过程的描述，包括：
——样品采集、处理、运输、存储和准备；
——测试前的检查；
——仪器设备检查和校准（或调整）；
——测试过程；
——测试结果和记录方法；
——安全措施等注意事项。
（8）需记录的数据、计算公式、结果表达方式；
（9）检出限，精密度和准确度。必要时的不确定度评定。

### 4．方法的评审

技术负责人组织技术人员对方法验证/确认报告进行评审。审核方法验证/确认报告内容是否全面，方法能否满足用户提出的技术要求，测量不确定度评定是否合理，结果表达是否准确。评审通过后对该方法验证/确认报告予以确认批准。

### 四、常见问题

（1）方法的选择没有按照方法选择原则进行。

（2）使用未经方法验证或未经确认的方法开展监测工作。例如，新标准公布后未经验证就使用或使用时不告知客户。监测人员因习惯、方便或标准方法本身的缺陷，而对标准方法作一些小的变动，自认为不会影响数据的准确性而不对标准的偏离进行确认。

（3）方法的范围和准确度不能满足客户的需求。方法的范围与客户的需求相差一个数量级，或方法适用范围发生改变时，不应直接使用该方法。

（4）在用标准方法文本不是标准出版社出版的单行本。网上下载的电子版标准不能作为受控文件使用。

（5）方法确认报告缺少检出限、准确度和精密度等信息。

（6）实验室没有保留方法确认的原始记录。

（7）方法确认时没有使用符合要求的、正常工作的仪器。

（8）标准方法超范围使用。

## 第九节　仪器设备和标准物质的期间核查

### 一．期间核查的概念

#### 1．期间核查的概念

按照规定的程序和计划对仪器设备（在两次正式检定/校准的间隔期间）和标准物质的参考标准、基准、传递标准或工作标准进行核查，以保持其校准状态的置信度。

#### 2．期间核查的目的

期间核查不是一般的功能检查，更不是缩短检定校准周期，其目的是在两次正式检定/校准的间隔期间防止使用不符合技术规范要求的设备和标准物质。

#### 3．期间核查的对象

期间核查的对象包括仪器设备和标准物质。实验室应确定仪器设备和标准物质的核查清单。

仪器设备核查的重点对象主要是：

（1）仪器设备的性能不够稳定漂移率大的；

（2）上次校准结果不是很理想的仪器设备；

（3）使用非常频繁的；

（4）经常拆卸、搬运、携带到现场进行检测的；

（5）仪器设备操作人员的熟练程度不高时；

（6）仪器使用环境较为恶劣的；

（7）第一次投入运行的。

不是所有的设备和标准物质都要进行期间核查，对无法寻找核查标准（物质）（如破坏性试验）的也无法进行期间核查。环境监测实验室常见的期间核查仪器设备包括：

（1）常规测定仪：可见分光光度计、红外分光光度计、测油仪、天平等。

（2）大型分析测试仪：原子吸收分光光度计、气相色谱仪、气相色谱质谱仪、液相色谱仪、高效液相色谱仪、等离子发射光谱仪、电感耦合等离子体质谱仪、离子色谱仪、原子荧光分光光度计、X 射线荧光光谱仪和总有机碳测定仪等。

（3）现场监测仪器：溶解氧测试仪、pH 计、噪声统计分析仪、便携式甲醛分析仪、大气采样器和烟气分析仪等。

## 二、开展期间核查的方式

应制定仪器设备和标准物质期间核查程序与期间核查计划，并按计划和程序要求实施期间核查工作。

仪器设备和标准物质的期间核查基本上以等精度核查的方式进行。

### 1．仪器设备的期间核查

仪器设备的期间核查有以下几种方式：

（1）使用标准物质核查

标准物质包括各种标准样品、标准仪器。如化学分析仪器可以采用有证标准物质进行核查；噪声监测仪使用声级校准器核查；pH 计、离子计和电导仪等使用定值溶液核查；气体监测仪使用标准气体核查；气体采样器使用标准流量计核查；滤纸式烟度计使用标准烟度卡核查等。

（2）使用仪器附带设备核查

有些仪器自带校准设备，有的还带有自动校准系统，可以用于核查。如电子天平往往自带一个标准工作砝码；$PM_{10}$ 分析仪自带标准膜片并能自动校准；质谱仪自带 AUTO 自检系统。

（3）仪器设备比对

可以在多台相同或类似仪器之间或与更高精度的仪器进行比对。如果只有一台仪器，可以参加实验室之间的仪器比对。如放射性监测仪器、声级校准器等。

（4）监测方法比对

如溶解氧测定仪可使用碘量法比对，一些在线监测仪器可使用常规监测方法比对等。

（5）对保留样品量值重新测量

只要保留的样品性能（测试的量值）稳定，不要求有保证的参考值，也可以用作期间核查的标准。如无校准源的放射性监测仪器可使用特定样品核查，氧气测定仪可直接使用环境空气核查，土壤测定后的留样及能力验证样品等。

（6）采用一些质控措施

采用加标回收或单点自校等方式进行核查。

### 2．标准物质的期间核查

（1）有证标准物质

对于有证标准物质的期间核查，实验室在不具备核查的技术能力时，可采用核查其相关信息的方式，以确保其量值为证书所提供的量值，包括证书有效期、适用范围、使用说明、测量方法与操作步骤、储存条件和环境要求等。

对于一次使用完的标准物质不用进行量值核查，对一次没有用完的标准物质，须进行量值的期间核查。

（2）非有证标准物质

定期用有证标准物质对其特性量值进行期间核查；用近期参加过能力验证结果满意的样品进行核查。

## 三、期间核查结果评价

实验室进行期间核查后，应对核查结果的数据进行分析和评价，当发现仪器设备和标准物质核查结果出现较大偏差、可能导致检测结果不可靠时，应查找原因并按相关规定处理；如仪器出现偏差，应根据情况对仪器进行维护调试，或将仪器送至校准机构进行校准。还应分析偏差对以前测试产生的影响，启动《不符合工作程序》和《纠正措施程序》，直到经证实的结果满足要求时，方可投入使用。

核查结果评价和判断准则：

（1）以标准物质为核查标准

选择与被核查设备相适应的标准物质作为核查标准，考查仪器设备测量的某参数或量值是否在受控范围内。

（2）以量具作为核查标准

校准的某些方法可用于期间核查，可采用某一量具（如标准砝码、量块、电阻器或电池）作为核查标准。

（3）以能力验证样品或留样作为核查标准

核查标准不一定是参考标准，只要该物质性能稳定，对某些不具备参考标准的仪器设备，在期间核查中可选用某种性能稳定的能力验证样品或留样作为核查标准，以检查该仪器设备的可信度。

对于仪器期间核查所用的标准，必须定期进行检定/校准，以保证在其有效期内使用。同时，对这些标准应实行专人保管。

## 四、期间核查的记录方式

（1）记录在监测原始记录上。适合于对于每次监测都要进行且记录简单的期间核查，如噪声监测仪的核查。

（2）记录在仪器设备维护记录上。适合于较频繁且记录较简单的期间核查，如天平的校准核查。

（3）采用专门的记录。对于比较复杂的期间核查，可编制相应的记录表。

## 五、期间核查的实施

（1）编制有关程序文件，明确职责、分工与要求，包括不符合结果的处理。

（2）编制年度期间核查计划，应包括：仪器设备名称、型号、规格、编号、标准样品种类、期间核查的日期或频次、核查方法依据来源、执行人、记录方式等。

（3）对于没有方法来源的仪器设备，应编制有关的作业指导书。

（4）执行人按计划实施期间核查。

（5）其他应进行期间核查的情况：

① 遇到重要的监测，如发生重大环境事故。

② 作为仲裁或有争议时。

③ 维修后。

④ 在监测过程中，发现数据可疑，对仪器设备提出怀疑时。

### 六、常见问题

（1）未建立“仪器设备和标准物质期间核查的程序”和相应的核查作业指导书。

（2）未列出需要期间核查的仪器设备和标准物质清单。

（3）未制定当年仪器设备和标准物质的期间核查计划。

（4）核查内容仅限于一般的功能检查。

（5）期间核查没有形成记录或记录不全或事后整理补记或未归档保存。

（6）未对期间核查结果做出评价。

（7）期间核查没有专人负责实施和督查。

## 第十节 样 品

### 一、样品的分类与标识

环境监测样品按委托性质分为自送样品和监测样品。

环境监测样品按样品性质分为地表水样品、废水样品、地下水样品、空气样品、废气样品、生物样品、土壤样品、固体废物样品和底质样品等。

环境监测样品按照测试状态分为未测样品、在测样品、已测样品和留样样品。

环境监测样品按照质控性质分为空白样、密码样、平行样、加标样和标准样品。

应对所有样品建立唯一标识系统，确保样品在流转过程中自始至终不会发生混淆。样品的测试状态标识用“待测、测毕、留样”表示。

### 二、样品的处置

不同性质的样品应有不同的处置方式。

（1）客户委托的样品，由送样人和业务人员交样品管理人员确认。

（2）样品管理人员接收到样品后，应检查样品的状况、数量、特征和是否有异常情况，并及时将样品交分析人员。

（3）质量控制样品由质控人员根据质控要求制作并编号。

（4）分析人员在样品制备和分析过程中应严格控制环境条件，对样品加以防护，以免样品的混淆、丢失和变质。在样品分析完成后，及时在标签上做相应标记，表明检测状态。

（5）监督性监测和仲裁性监测样品中的超标样品、质控样品分析结果不合格的样品以及客户要求留样的样品都应留样，留样样品应予以标识并记录。

（6）根据样品的特性配备适当的环境条件和设施，对样品进行防护和保存，以免样品在贮存、处置、准备和监测过程中变质和损坏。必要时，应对环境条件加以保持、监控和记录。

（7）无需留样的、测试完毕样品和逾期样品应按照相关管理程序进行清理。

### 三、常见问题

（1）样品唯一性标识管理不当，出现重号或标识内容不全。

（2）样品贮存不规范，如须加固定剂的样品未加固定剂，须冷藏的样品未进行冷藏，样品保存材质不符合要求等。

（3）样品检测状态标识不清，已检和未检没有进行区分。

（4）留样没有记录。

（5）空白样、平行样等质控样品比例不足。

（6）缺少样品编号规则或未按规定执行。

（7）未按规定进行样品处置。

## 第十一节　质量控制

质量控制是指为达到质量要求所采取的作业技术和活动，目的在于监视监测活动并排除导致不合格或不满意的原因，以取得准确可靠的数据和结果。

质量控制的过程贯穿于整个环境监测过程，包含现场调查、制定完整的监测计划/方案、优化布点、样品采集、样品贮存与运输、样品的前处理、分析测试、质量控制措施、数据处理和审核及综合评价，使整个过程都处于受控状态。

### 一、质量控制的方法

（1）使用有证标准样品开展质量控制活动。

（2）参加能力验证、实验室间的比对或质量控制考核。

（3）开展方法比对、人员比对、仪器比对或实验室间比对测试。

（4）开展留样复测。

（5）开展同一样品不同特性间相关性分析。

（6）开展空白试验、平行样测定或加标回收率测定。

（7）利用质量控制图进行统计分析。

### 二、质量控制计划的制定

应建立并实施质量控制程序。每年根据业务性质制定质控计划，应覆盖所有的监测工作和关键工作环节，应包括内部质量控制频率、规定限值和超出规定限值时采取的措施，确保并证明监测过程受控以及监测结果的准确性和可靠性。质控措施全面且有效。质量控制计划应包括：空白分析、留样检测、人员比对、方法比对、加标和控制样品分析、盲样考核、仪器校准、现场采样和现场监测质控方法、自动监测质控规定等内容。如果监测方法中规定了内部质量控制计划和程序，包括规定限值，应严格执行；如果监测方法中无此类计划，适用时，应采取比对、标准样品和加标回收等质控方法。

## 三、质量监控方法和可疑数据的判定

应充分运用统计技术，对监测结果和质控数据进行分析评价，当发现质控数据将要超出预定的判据时，应及时进行原因分析，制定有效措施对已出现的问题进行纠正，防止错误结果的报告。

（1）使用有证标准物质：与标准值比较，以允许差来判定。

（2）参加实验室间的比对或能力验证：以 $Z$ 值法来判定结果是否一致。

（3）使用相同方法或不同方法进行重复检测：以质量控制指标进行判定，或以国家标准方法中的参考允许差判定。

（4）对存留样品进行再检测：与原结果比较，以允许差判定。

（5）质量控制图：以是否超出控制限来判定。

## 四、常见问题

（1）内部质量控制计划覆盖的监测领域代表性和全面性不足，质量控制手段单一。

质控计划应尽量覆盖所有监测领域或所有类型的监测项目，尤其要重视现场采样和现场监测环节。应采用可行的多种质量控制措施，不可单一采用标准样品测试。

（2）缺少外部质量控制计划或计划内容不足。

应制定外部质量控制计划，尽可能参加能力验证、实验室间比对或质控考核等活动，以验证自身的监测能力和水平。可以根据监测工作量、监测方法的稳定性、内部质量控制情况、人员、设施、设备等变化情况或承担工作量确定参加能力验证和实验室间比对的频率。

（3）实验室没有充分运用统计技术对监测结果进行分析。

应按照监测项目和监测方法，使用质控图等统计手段，对本实验室的监测状况给予统计和分析，在监控实验室水平和能力的同时，为确定本实验室的质量控制水平积累基础信息。

（4）没有预先确定质量控制数据的判断依据。

在符合相关监测技术要求和质量控制要求的基础上，各实验室应建立自己的质量控制判断依据，包括比对测试（含两方比对和多方比对，必要时区分标准样品比对和实际样品比对）、标准样品测试、加标实验（必要时区分空白加标、标准样品加标和实际样品加标）、留样复测和空白实验等。

（5）没有对质量控制结果进行总结和分析，管理评审中没有相关内容的输入。

应定期开展质量控制（含内部和外部质量控制）结果分析和总结，并作为管理评审的输入内容，以便及时了解质量控制水平及状况。质量控制数据出现不满意或不符合结果时，应及时分析原因，并给予验证和记录。

# 第十二节 监测报告

## 一、监测报告的内容

（1）监测报告应至少包括以下信息：

① 标题；

② 实验室的全称、地址、通讯方式和监测地点；

③ 监测报告唯一性标识、每页及总页数标识；有清晰的报告结束标识；

④ 监测单位法律责任的说明；

⑤ 客户名称和地址；

⑥ 监测方法（包括采样方法）名称及代号，采用非标准方法的明确说明；

⑦ 样品状态描述和唯一性标识；

⑧ 采样日期和分析日期；

⑨ 如与结果的有效性和应用相关时，对采样方案和程序的说明；

⑩ 监测结果及计量单位；

⑪ 报告编制、审核及签发的签字和签发日期；

⑫ 监测结果仅与受检样品有关的声明（必要时）。

（2）若需对监测结果做出说明或客户有要求或需要时，报告中还可包括下列内容：

① 监测方法(包括采样方法)的任何偏离以及其他任何可能影响监测结果解释的信息，如采样或监测环境条件等；

② 监测结论：对监测结果符合或不符合标准规范的声明；

③ 当不确定度与监测结果的有效性或应用有关、不确定度影响符合性判定时，报告中还需要包括有关不确定度的信息；

④ 若需要提出意见和解释，其内容包括：

（a）关于监测结果符合或不符合标准规范的声明意见；

（b）满足合同要求的内容；

（c）如何使用结果的建议；

（d）用于改进的指导。

⑤ 特定方法、客户或客户群体要求的附加信息。

（3）含有采样环节的监测报告，还应包括下列附加内容：

① 采样日期；

② 与采样方法或程序有关的标准或规范，以及对这些规范的偏离（若有）；

③ 样品名称、类别、性质和监测项目等；

④ 采样地点，可以附示意图或照片（必要时）；

⑤ 采样人员；

⑥ 所依据的采样方案；

⑦ 采样过程中可能影响监测结果的解释和环境条件的详细信息。

（4）若报告中包含了分包方提供的监测结果，应明确标明。

## 二、监测报告的审核

（1）监测报告审核必须对各类监测分析原始记录、任务书、相关材料与监测报告一同进行审核。

（2）一审人员全面审核报告的编制依据、数据统计方法、评价公式、评价标准、分析方法、监测结果有效位数、计量单位、图表和引用资料等信息的准确性和完整性。

（3）二审人员审核报告结论、建议部分与报告内容的符合性、相关性和逻辑性等。抽查部分原始记录，对照任务书等相关材料核查是否有遗漏。

（4）三审人员，通常为授权签字人，按报告要求全面审核报告，审查报告的完整性、项目齐全性、依据的正确性和结论的准确性，对所出的报告负法律责任。

## 三、监测报告的修改

（1）若发现已发布的监测报告有误，先判断是否需要进行实质性修改。需要进行实质性修改时，必须经过申请和批准方可进行修改，并执行报告编制、审核和签发的程序。

（2）更改后的报告不另行编号，应在原报告（有误的报告）编号后加识别号。

（3）应及时将更正后的监测报告按原渠道发放，并注明所替代的原件，及时收回原件。如不能收回，须向大众媒体声明该报告无效。

（4）若报告的错误无法追溯变更，应及时与客户联系重新监测。

## 四、常见问题

（1）监测报告唯一性标识管理不善，出现漏号、重号，或未对报告进行分类编号。页码与总页数不一致，没有清晰的报告结束标识。

（2）采样、分析和出具报告的实际时间与记录不符。

（3）未通过计量认证的项目或分包项目没有标识或说明。

（4）报告中所用方法均未通过计量认证，仍用 CMA 标识。

（5）报告结论与实验数据结果不一致。

（6）采用非法定计量单位。

（7）签字和日期采用电子打印。

（8）原始记录采用电子打印时，无人员签字。

（9）监测方法或评价标准不是现行有效标准。

（10）未对工况进行说明（如烟尘测试等），未描述样品状态或描述不准确、不具体，遗漏必要的监测点位图。

（11）报告中缺少质控措施记录。

（12）报告中缺少实验室地址，检测地点，缺少客户的名称和地址。

（13）更改报告没有注明，原报告未收回，没有进行必要的公告。

# 第八章　加油站油气回收监测技术和质量管理

加油站是指为汽车和其他机动车辆服务的、零售汽油和机油的专门场所，为现代交通和人们的出行提供了方便。伴随着我国机动车保有量的快速增长，成品油消耗快速增加，加油站数量剧增，加油站在装卸、存储汽油和加油的过程中都会有油气逸散到环境空气中，其不仅污染环境，而且也造成油气资源的浪费，由此引起的污染问题越来越突出。同时，由于汽油油气的闪点低，混合气爆炸极限范围广，如果管理不到位还会引发爆炸或火灾，安全隐患大。因此，伴随着环境意识的深化，加油站和储油库的油气回收事宜已经逐步纳入政府环境管理的范畴。

## 第一节　油气回收技术简介

### 一、油气回收技术简介

加油站油气挥发主要来自汽油的储、运、销环节，这些环节中都会有油气挥发逸散到环境空气中，其中加油站收发（装卸）和加油作业是油气排放的主要环节。对加油站油气采取有效措施进行控制，减少油气散逸，对降低空气污染，减少资源浪费和经济损失具有十分重要的意义。

汽油在储、运、销环节中的排放示意见图 8.1。

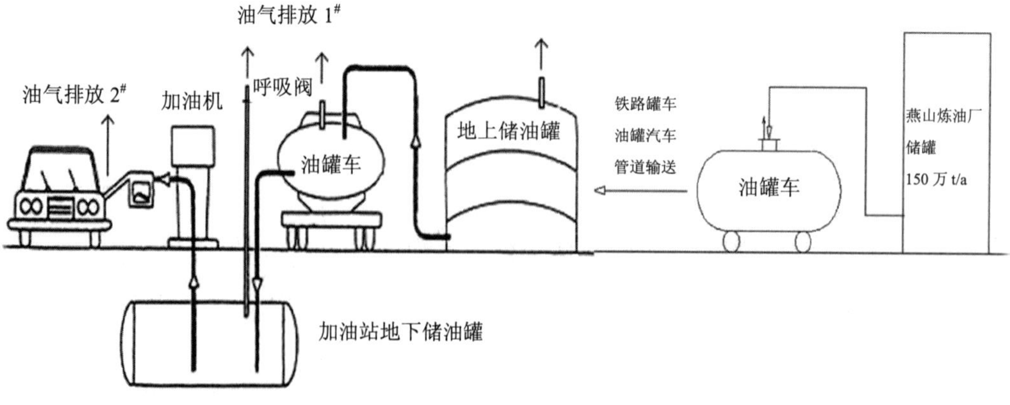


图 8.1　加油站油气排放示意

收发环节油气挥发是指在收发作业中，油罐车通过输油管道向储罐内卸油，罐内液面上升，形成正压，罐内饱和油蒸气通过气管和呼吸阀向大气中排放油气，就是通常所称的“大呼吸”油气排放，见图 8.1 中油气排放 1#。

汽油在静止储存的过程中，储油罐温度昼夜有规律地变化，白天温度升高，热量使油气膨胀，罐内压力增加，饱和油气排出。夜晚温度降低，罐内气体压力降低，新鲜空气从外界补充进储油罐中，为达到新的蒸气压平衡，油气从液相中蒸发直到油液面上的气体重新达到平衡。上述过程昼夜交替进行，形成的排放就是称为“小呼吸”油气排放，见图 8.1 中油气排放 1#。

加油作业环节油气挥发是指加油站在向汽车油箱加油过程中，加油枪加油过程和汽车油箱内的饱和油气快速、大量散溢到环境空气造成大量油气挥发，见图 8.1 中油气排放 2#。

加油站油气挥发主要来自油罐车卸油、储油和机动车加油过程，因此，回收卸油、储油和加油过程的油气是控制加油站油气排放的关键。目前可以供我国选用的油气回收系统（vapor recovery system for gasoline filling station）主要有：一级油气回收系统（卸油油气回收）、二级油气回收系统（加油油气回收）和三级油气回收系统（末端油气处理，油气排放处理装置）。目前常用的是一级和二级油气回收系统。

一级油气回收系统，即指卸油回收系统（vapor recovery system for unloading gasoline）和汽油的密闭储存。随着加油机不断为汽车加油，汽油罐逐渐被放空，空余的空间就会被空气和油蒸气的混合气体所填充。一级油气回收系统主要是针对这一部分逃逸蒸气而设计，是在油罐车卸油时采用密封式卸油减少油气向外界溢散的装置系统，其基本原理是用回气管将逃逸的油气重新输送回油罐车里，完成油气循环的卸油过程，回收到油罐车的油气，可由油罐车带回油库后再经冷凝、吸附或膜处理等方式处理变成汽油。未进行一级油气回收油罐车卸油的情况见图 8.2（a），当油罐车在加油站卸油时，随着汽油进入地下油罐，液位上升，此时汽油罐中的油蒸气就会被挤压向外排放，进入空气中；采取一级油气回收油罐车卸油情况见图 8.2（b）。

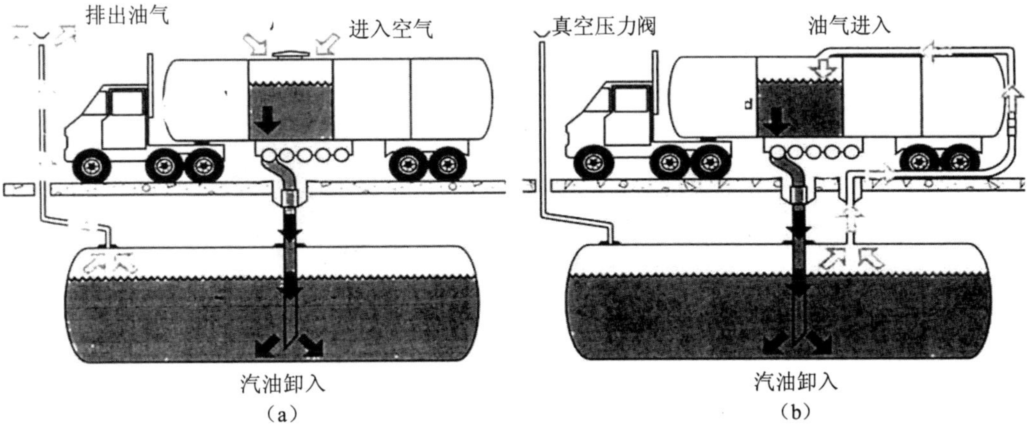


图 8.2 一级油气回收系统工作原理示意

二级油气回收系统，即指加油油气回收系统（vapor recovery system for filling gasoline）。该系统是指安装在油枪上的回气装置，在汽车加油时将原本会由汽车油箱溢散于空气中的油气，经由加油枪、抽气泵汇入油罐内。回收到油管内的油气通过密闭储存，待下一次油罐车卸油时，通过一次回收系统重新输送回油罐车里，经油罐车带回油库后再经冷凝、吸附或膜处理等方式处理变成汽油。未采用二级油气回收装置的油气挥发情况见图 8.3（a）示意，在加油过程中，从加油枪口逸散到环境空气中；图 8.3（b）显示采取油气回收技术后油气通过加油枪回路管被回收到油罐中。

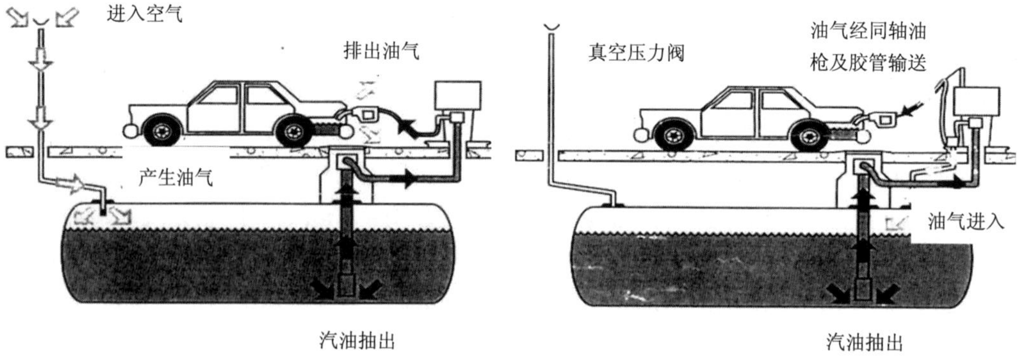


**图 8.3　二级油气回收系统工作原理示意**

常见的二级油气回收系统包括平衡式和真空辅助式两种。

平衡式油气回收系统利用回收型油枪抽气量 $A$ 与加油量 $L$ 的比值接近于 1∶1 的原理，即每加 1 L 汽油，地下储油罐液位下降 1 L 的空间，同时经由油枪回收相当于 1 L 体积的油气作为油罐液面下降空间的补充从而达到压力平衡实现油气的回收。

目前我国普遍使用的是真空辅助式油气回收系统，其特点是在加油时，油品从回收型油枪的同轴软管的外层流出，所产生的油气在真空泵的作用下从回收型油枪枪头四周的小孔进入油枪内部，经同轴软管的内层及分离器进入回收气泵，然后流入储油罐。根据其形式，真空泵可分为分散式和集中式 2 大类。

（a）普通型加油枪　　（b）回收型油枪

**图 8.4　加油枪枪头示意**

分散式真空泵一般设置于每台加油机内，通常采用涡轮叶片式真空泵连接一条与输油管平行的油气回收管路和地下储油罐连接。

集中式的真空泵设置于油气回收管与地下储油罐的连接处，一般每个地下储罐设置 1 台集中式真空泵。集中式真空泵利用潜油泵所提升的油品压力来驱动，在启动潜油泵时，集中式真空泵会产生约 9～10 kPa 的真空压力（管线长度及加油枪的数量决定真空压力的大小）。

三级油气回收系统是指末端油气处理装置，即通常所称的油气排放处理装置（vapor emission processing equipment）。该系统是针对加油油气回收系统部分排放的油气，通过采用吸附、冷凝、膜分离等方法对这部分排放的油气进行回收处理。

**1．吸附法**

吸附环节需并联使用两个同样规格的吸附罐，一个用于吸附，一个用于再生，两个交换使用，每小时交换一次，吸附剂使用活性炭。再生过程则首先需要进行吸附塔的切换，待再生的塔采用抽真空的方法进行再生，抽真空直至吸附塔内的真空度达到−0.09 MPa 以下，再生时间约为半小时。再生过程产生的高浓度油气通过管道返回到地下罐，会使地下罐内气体的压力略有提高。

**2．冷凝法**

冷凝法是利用各种烃类 VOCs 在不同温度和压力下具有不同的饱和蒸气压，通过降低温度或增加压力，使某些有机物首先凝结出来。汽油通常初馏点为 40～60℃，因此只要将油气降温到初馏点以下，油气就有可能从气态转变为液态。一般来说直接冷凝法分为预冷和机械制冷。预冷器是单级冷却装置，它将进入的油气温度从环境温度降到 4℃，油气混合物中的大部分水蒸气凝结为水从而使进入机械制冷器的气态混合物状态均一化。油气再进入机械制冷器，一般温度可以降至−73～−40℃，此时油气被还原为液态回到油罐内。

**3．膜分离法**

其原理基于膜对气体的渗透性，利用一定压力下混合气体中各组分在膜中具有不同的渗透速率的原理实现分离。实际操作过程是气体分子首先被吸附并溶解于膜的高压侧表面，然后借助浓度梯度在膜中扩散，最后从膜的低压侧解吸出来，即所谓的“溶解—扩散”机理。

膜法油气回收装置通过监测油罐的压力来控制回收系统的间歇式自动操作汽车加油时，利用回收型加油枪将加油时挥发出的油气抽回油罐，由于抽气的速率大于发油速率，油罐的压力将上升，当油罐压力升高到一定值时，膜分离装置自动启动，油罐排放出来的油气排入膜分离装置，油蒸气优先透过膜，在膜的渗透侧富集，再经真空泵返回油罐脱除油气，脱除后的净化空气则直接排入大气；同时油罐的压力不断下降，当油罐的压力降低到正常水平或微负压时，膜分离装置将自动停止运行，整个系统密闭如此往复，完成油气回收过程。

## 二、油气污染防治的现状

**1．欧美地区**

美国自 1970 年颁布了联邦法案——清洁空气法案（Clean Air Act），由美国环保局（EPA）制定国家空气环境标准，对 6 种常见污染物限制排放，包括 $SO_2$、颗粒物、NO、

$NO_2$、碳氢化合物等，其中对环境空气中的碳氢化合物规定了标准限值，碳氢化合物主要来自于工业生产、机动车排放以及加油站的卸油、加油过程的排放等人类活动。1990 年，联邦政府颁布了清洁空气法修订案，确定允许各州政府制定更严格的污染控制标准，但不得低于国家标准，并且各州必须制定州执行计划，按照计划逐步解决污染物排放问题。1997 年美国环保局修改了国家空气环境质量标准中的臭氧排放标准，实施更为严格控制排放，同时首次要求非达标区强制执行使用一次油气回收和二次油气回收设备，并要求汽车制造商生产带有油气回收装置和处理系统（ORVR）的车辆。

在欧洲，德国、荷兰、瑞士等国家从 20 世纪 80 年代中期分阶段实施油气回收项目。90 年代至今欧盟制定了多项相关标准和法规，要求成员国逐年加快推行油气回收技术。各成员国也相继颁布了各自的相关标准、条例甚至法规，加快实施加油站油气回收技术。以德国为例，从 20 世纪 80 年代末开始实施油气治理，制定有 20.BlmSchV（1998 年）和 21.BlmSchV（2001 年）油气回收环保条例。2002 年对第 21 号法令进行修订，修订内容包括：将气液比设定在（0.95～1.05）：1.00，必须为油气回收系统安装自动监控系统，对油气回收系统进行监测及自动控制，提供故障信息以及自动关闭系统——如果故障持续 72 h 以上，将强制关闭加油机（如进行自我修复，则可豁免）。所有的加油站在五年内全部要加装全自动监控油气回收系统，对加装了全自动油气回收监控系统的二次油气回收加油站可延长每次检查的间隔时间等。

在 21 号法令 BlmSchV 修订版要求下，德国 2007 年底全部安装加油站在线监控系统。德国强制实施自动监测后，大大提高了第二阶段 VOCs 回收工作的有效性。2009 年，储油罐的呼吸损失已经从 1988 年的 0.187 kg/t 降低到 0.01 kg/t；汽车加油时的排放以及加油枪滴漏损失也分别由 1990 年的 1.87 kg/t、0.18 kg/t 降低至 0.52 kg/t、0.07 kg/t。

1994 年，欧盟在德国的基础上，颁布了指令 94/63/EC《汽油储存和从储油库向加油站配送汽油过程的挥发性有机物（VOC）排放控制》，规定了储油罐、装油台、油罐车、加油站等设施在汽油作业时所产生的油气必须进行收集和回收处理。2009 年 10 月，欧盟颁布了指令 2009/126/EC《加油站给机动车加油过程中的第二阶段汽油油气回收》，要求欧盟各成员国必须在 2012 年 1 月 1 日之前执行。法规中要求汽油年流转量≥3 000 $m^3/a$ 的现有加油站应在 2018 年 12 月 31 日前安装二阶段油气回收系统；汽油年流转量≥500 $m^3/a$ 的新建加油站或是建在永久居住、工作区域，年流转量≥100 $m^3/a$ 的新建加油站必须在 2012 年 1 月 1 日之前安装二阶段油气回收系统。2010 年，欧洲技术委员会以 VDI4205 为基础开始编写欧洲（第二阶段）法规。法规主要包括两方面的内容：① 油气回收系统回收效率的型式认证测试方法；② 加油站油气回收系统的检测方法。欧洲技术委员会将在 2014 年对法规的执行情况进行回顾总结。

**2．中国**

我国从 20 世纪 80 年代起开始研究油气回收并引进了一些国外设备，而针对加油站、储油库、油罐车油气回收污染排放相关标准在当时尚处于空白，针对油气回收治理装置的监测仅涉及非甲烷总烃浓度。1996 年我国出台了国家标准《大气污染物综合排放标准》（GB 16297—1996），标准中对非甲烷总烃气体的排放浓度做出了明确限定：现有大气污染源和新大气污染源排放的非甲烷总烃最高允许浓度分别为 150 $mg/m^3$ 和 120 $mg/m^3$。但并未涉及加油站、储油库和汽油运输等大气污染源。因此 1999 年以前，我国油气损耗中的 82.4%发生在汽油的储运销环节，这部分的油气基本没有回收，而是处于任意排放状态。2003 年，原环境保护总局组织相关单位着手开始制定油气回收相关标准。2007 年，由国家质监总局批准颁布实施的《储油库大气污染物排放标准》（GB 20950—2007）、《汽油运输大气污染物排放标准》（GB 20951—2007）、《加油站大气污染物排放标准》（GB 20952—2007）三项国家排放标准正式出台。至此，加油站、储油库和汽油运输的油气污染控制纳入大气污染控制的议事日程。目前，《加油站大气污染物排放标准》（GB 20952—2007）不仅包含加油站末端回收处理装置（三级油气回收系统）非甲烷总烃浓度检测，同时还包括一、二级油气回收系统的检测内容。

我国油气排放标准是集法律法规、技术政策、监管方法、实施时间和区域于一体的综合性文件，是根据我国现有管理体系结合生产体系研究而构成的排放控制标准。它与国内一般排放标准的不同之处在于它体现的是整个行业的系统控制，而每个生产系统又包含若干个单元控制系统，实际上是用标准去规范使用清洁生产技术，形成清洁生产工艺。另外，由于很多排放点无法给出具体排放限值，需要通过控制清洁生产工艺参数来控制排放，所以很多排放限值不是油气排放量数值，而是工艺参数指标。例如《加油站大气污染物排放标准》（GB 20952—2007）的三项指标分别为系统密闭性、液阻和油枪气液比，而在国外没有类似的油气污染控制系列排放标准。

油气回收治理是一个全新的环保领域，我国在这方面还有许多与环保关系密切的技术和管理方面的问题需要研究解决。但对目前形势而言，油气回收治理工作已经迈出坚实的一步。

## 第二节　油气回收监测技术要求

加油站油气回收监测按照《加油站大气污染物排放标准》（GB 20952—2007）等国家相关法律标准要求进行。《加油站大气污染物排放标准》（GB 20952—2007）标准中规定的技术指标包括气液比、液阻、密闭性和非甲烷总烃，该标准的附录中，给出了这些技术指标的测试方法，据此进行合格性检测和判断。

为顺利开展加油站油气回收监测，并符合监测过程中质量控制要求，必须对检测设备和检测流程进行规范要求。

### 一、检测设备

#### 1. 油气回收检测设备

油气回收检测设备是对加油站油气回收系统密闭性、液阻和气液比三项指标性能指标进行检测的仪器设备，须具备以下条件：

（1）具有数据存储、检测结果打印等功能。

（2）仪器设备构架牢固结实可靠，便于搬运。

（3）设备设计便于保养维护和零部件更换及维修。

（4）长期运行稳定安全可靠，故障率低。

（5）仪器使用高度应不低于 1 200 mm。

（6）仪器应具备自检功能。

（7）仪器所配备的油桶须有液压抬升装置，并且配有油气泄漏密封装置。

**2. 非甲烷总烃采样设备**

非甲烷总烃采样设备用于加油站油气排放处理装置排放的油气（非甲烷总烃）样品采集。在选择设备时，应遵循如下原则：

（1）设备须满足多种采样方式及其控制要求。

（2）具备气袋自动清洗功能。

（3）长期运行稳定安全可靠，故障率低。

## 二、密闭性检测

**1. 检测原理**

在加油油气回收立管处，用氮气对油气回收系统加压至 500 Pa，允许系统压力衰减。检测 5 min 后的剩余压力值与《加油站大气污染物排放标准》（GB 20952—2007）中表 2 规定的最小剩余压力限值进行比较，如果低于限值，表明系统泄漏程度超出允许范围。

**2. 检测条件**

（1）监测前 24 h 没有进行气液比检测。

（2）监测前 3 h 和监测过程中不得卸油。

（3）监测前 30 min 和监测过程中不得为汽车加油。

（4）监测前 30 min，油罐内压力不得超过 125 Pa。

（5）单体油罐最小油气空间为 3 800 L 或占油罐容积的 25%（二者取较小值）；连通油罐的最大合计油气空间不超过 95 000 L。

**3. 检测步骤**

（1）现场监测人员分工，须设一名安全监督员。

（2）进入防爆区域内的所有工作人员更换防静电服（帽）、防静电鞋；在加油站工作人员的指导下导除身上的静电。

（3）划定工作区域，开启测爆仪处于工作状态，确保工作区域安全。在安全区域周围设立隔离栏，测爆仪及灭火毯放置在工作区域内。

（4）先对检测仪器自身密闭性进行检查。自检通过后再对油气回收系统密闭性进行检测。

（a）连接仪器自身管路，仪器清零。使用软管将仪器与三通检测口相连。

（b）打开检测口阀门读取压力表示数，压力表读数应小于 125 Pa。若超过 125 Pa 应释放压力，重新等待 30 min 并观察压力读数。

（c）填写现场记录表，包括加油站名称、地址、加油站负责人、联系电话、汽油罐总数、油罐容积、抽气泵类型、加油机总数、加油枪数以及现场温度、湿度、大气压力、GPS 定位等信息。

（5）检查并确保所有阀门正常开启或关闭。

（6）按照仪器使用说明书的有关内容对仪器进行操作。

（a）打开氮气减压阀设置低压调节器的压力为 35 kPa，调节氮气流量在 30～100 L/min 范围，向油气回收系统（或独立子系统）充压。

（b）充压至约 550 Pa 时关闭氮气阀门，调节泄压阀使压力降至 500 Pa 初始压力时开始计时。

（c）每隔 1 min 记录 1 次系统压力。5 min 之后，记录系统最终压力。

（7）密闭性监测结束后打开回气口进行减压。

（8）取下三通检测接头上连接的软管，恢复原来油气回收管线的连接。

（9）如果油气回收系统由若干独立的油气回收子系统组成，那么每个独立子系统都应做密闭性检测。

（10）将 5 min 之后的系统压力检测值与《加油站大气污染物排放标准》（GB 20952—2007）表 2 最小剩余压力限值进行比较，判定加油站是否符合标准。

（11）密闭性监测结束后进入液阻监测。

## 三、液阻检测

### 1．检测原理

按规定的氮气流量向油气回收管线内充入氮气，模拟油气通过油气回收管线。用压力表或同等装置检测气体通过管线时所遇到的阻力，了解管线内因各种原因对气体产生阻力的程度，用来判断是否影响油气回收。氮气流量分别为 18 L/min、28 L/min、38 L/min 时对应的最大压力分别为 40Pa、90 Pa 和 155 Pa。

### 2．检测条件

（1）监测期间加油站不得卸油。

（2）关闭三级回收处理装置及三次回收装置进出口阀门。

（3）打开回气口使油罐连通大气。

### 3．检测步骤

（1）管路连接方式同密闭性监测，开启被检加油机对应储油罐的回气口，使其连通大气。

（2）打开氮气减压阀设置低压调节器的压力为 35 kPa，调节氮气流量在 30～100 L/min 范围，向油气回收系统（或独立子系统）充压。分别记录流量为 18 L/min、28 L/min、38 L/min 时对应的压力表读数。

（3）如果 3 个液阻任何一个检测值大于《加油站大气污染物排放标准》（GB 20952—2007）中规定的最大压力限值，则加油站液阻检测不合格。

（4）取下三通检测接头上连接的软管，关闭回气口。

（5）液阻监测结束后进入气液比监测。

## 四、气液比检测

### 1．检测原理

在加油枪喷管处安装一个密合的适配器。该适配器与气体流量计连接，气流先通过气体流量计，然后进入加油枪喷管上的油气收集孔。所计量的气体体积与加油机同时计量的汽油体积之比值称为气液比，标准限值应在大于等于 1.0 且小于等于 1.2 范围内。

2. 检测要求

（1）监测期间加油站不得卸油。

（2）允许未被监测的加油机进行加油。

（3）未被监测且没有为车加油站的加油枪都正确挂在加油机上。

（4）应对加油枪各档进行气液比监测。

3. 检测步骤

（1）对适配器密闭性进行检查。

（2）按气液比检测要求连接仪器。

（3）检测过程中必须对加油员的操作进行规范性检查。

（4）在高档位流量向油桶加油，每次加油量不小于 15 L；加至所规定油量，停止加油，将所加油量数值输入油气回收检测仪器，计算出所检测汽油枪高档气液比值。

（5）在低档位流量同上一步操作，得出汽油枪低档气液比值。

（6）参照《加油站大气污染物排放标准》（GB 20952—2007）中规定的气液比限值进行判定。

（7）其余待检汽油枪气液比检测，重复步骤（4）～（6）。

（8）再对适配器密闭性进行检查。若不能通过泄漏检查，上述气液比检测所获得数据结果视为无效。

（9）监测结束，拆卸相关联接管件，恢复仪器设备待用状态，整理监测工具放回工具箱内。

## 五、非甲烷总烃采样[①]

将采样袋放入真空箱内，启动采样泵吸气，真空箱内空气逐渐被抽出，形成负压，同时被测气体流入采样袋。采集的样品带回实验室进行分析。

1. 检测条件

（1）监测环境温度不低于 20℃，并在加油相对集中的时段进行。

（2）油气处理装置持续处于正常运行状态。

（3）对每台处理装置都应进行监测。采样时间不少于 30 min，可连续采样或等时间间隔采样。

2. 检测步骤

（1）开机，仪器自检结束，进行调零。

（2）采样袋放入真空箱，其侧支管与真空箱的进气嘴连接，松开采样袋进气阀，关闭箱门。

（3）连接引出的硅胶软管到采样袋进气口。

（4）选定采样程序，开始采样。

（5）样品采集结束，取下进气口连接的硅胶软管，打开箱门，关闭采样袋进气阀，取

① 本文采用气袋法进行油气处理装置排口非甲烷总烃气样采集。

出采样袋，贴上标记标签。

（6）在真空箱内放入第二只空采样袋，打开进气阀，重复（3）～（5）采样。

（7）采样全部结束后，关闭采样器电源，放回仪器箱中。装入样品采样袋妥善保存带回实验室分析。

## 第三节　油气回收监测的安全要求

汽油属于易燃易爆物质，其沸点低、闪点低、易挥发，爆炸极限较宽，一般在0.76%～6.9%（体积分数）。当遇到明火、电火花、打雷甚至静电产生的火花都可能引起燃烧或爆炸。因此，在加油站加油机工作时，其周围区域范围内严禁有明火或电火花，并且要求有防静电产生或积聚措施。另外，挥发产生的油气，因相对密度较大，一般在1.59～4（空气＝1）之间，所以不易扩散，尤其在人井等低洼处，人们容易忽视的地方积聚，油气积聚到一定浓度，遇明火极易发生爆炸等危害事故。所以，在此场所作业时，必须严格遵守现场安全保证规定、工作程序和操作步骤；稍有不慎或操作不当，极易发生事故，后果不堪设想。

### 一、设备的安全要求

（1）现场所有用于监测的仪器设备必须符合防爆安全等级要求。

（2）使用前监测仪器要进行调试保养，技术性能应满足试验要求。仪器设备使用说明书和检定证书要齐全，检定证书要在有效期之内。

（3）在爆炸危险场所调试和维修设备应使用防爆工具。可能产生撞击火花的工具、非防爆的移动型携带式仪表、照明灯具、通讯设备等不得在爆炸危险场所使用。必须使用时，应经过通风并监测油气浓度，确认在爆炸下限的4%以下时，方可使用。

### 二、监测现场的安全措施

（1）监测工作人员必须参加安全培训，经考核合格后方能参加油气回收监测工作。

（2）监测人员要熟知防火防爆常识，会熟练使用消防器材。

（3）制定并备有防爆预案，分工职责明确，开展演练并有记录备案。

（4）必须设置安全监督员，安全监督员在监测作业和设备安装调试过程中专职负责全程的监督。

（5）安全监督员必须穿着防静电工作服和防静电工作鞋。防静电工作服、工作鞋应符合《防静电服》（GB 12014—2009）和《个体防护装备职业鞋》（GB 21146—2007）要求。

（6）随身携带的火柴、打火机交由安全监督员统一保管，严禁将火种带入监测现场。

（7）关闭手机，不得在监测现场接听电话。

（8）设置监测工作区域警戒线，禁止无关人员入内。

（9）手握接地体，导除身体静电。

（10）干粉灭火器、石棉被等消防器材配备到位。

（11）接好监测设备接地线，严禁搭接带电设备。

（12）氮气瓶要由具备专业运输资质的人员和专用设备搬运；必须轻搬轻放仪器设备并检查放置牢固程度，防止倾倒。

（13）监测场地区域严禁油料洒落渗透。监测人员进入现场要一看有无零星油料洒落，二嗅有无较浓油气味。如现场有洒落油料和较浓油气味，需用测爆仪监测油气浓度。

（14）测试现场油气浓度达到爆炸下限4%时或现场防爆警报器鸣响，必须立即停止作业，迅速上报，查明原因，消除隐患，待检查确定隐患排除后方可继续作业。

（15）雷雨天须停止监测作业，防止雷击。

（16）严禁用汽油等易燃液体清洗设备、器具、地坪和衣服，严禁用化纤塑料、丝绸材质制成的抹布擦拭设备和器具。

（17）接头及工具必须使用铜质或不锈钢质的材料。

## 三、防爆预案

开展加油站油气回收监测前，必须建立防爆预案，并对监测人员进行培训。

（1）现场监测小组负责人全面负责监测现场安全工作，督导全体人员贯彻落实安全措施；督导安全员认真履责、严格遵守制度规章，保证加油站环保监测安全顺利。

（2）现场监测小组进入加油站，即进入了爆炸危险场所，全体监测人员要高度警惕，从思想上鸣响防火防爆警钟，严格遵守各项规章制度，一丝不苟落实安全措施。

（3）安全监督员要以高度负责的精神，对监测现场安全环境和监测全过程实施严格监督，发现影响安全的任何因素都必须采取果断措施予以制止和纠正。

（4）发生较小明火时，离其最近人员迅速取石棉被覆盖或用干粉灭火器从上风横扫喷射。

（5）突发燃烧爆炸，全体监测人员要沉着应对，坚决服从现场指挥员指挥，积极做好自我救护和相互救护，利用现场一切条件和手段实施灭火，防止火灾蔓延。力争事故损失降到最低限度。

（6）立即切断通向事故现场的一切电源。

（7）迅速关闭通向该场所的油料阀门和开关。

（8）立即向119和120、110报警。清楚说明事故加油站位置和火灾性质。

（9）消防队到达现场，监测人员服从消防队指挥，积极协助120救护伤员，协助110控制现场，设立警戒线，禁止无关人员和一切车辆进入危险区域，协助有关部门疏散居民，防止和减少居民伤亡。

（10）进入火场必须戴防毒面具，无防毒面具可弄湿衣服替代。无过滤面罩用湿毛巾罩住鼻嘴，防止中毒。

（11）尽快组织监测火灾事故造成的环境和大气污染数据，及时报告上级并提出处理意见和应采取的措施。

# 第四节　油气回收监测质量管理

## 一、油气回收监测质量控制

除监测过程中严格遵守监测技术要求外，油气回收监测中，还需要特别注意两个特定的质量控制环节，即密闭性检查和加油站操作人员的相关要求，它们都是保证监测结果准确、有效的必要环节。

### 1．密闭性检查

密闭性检查是对油气回收系统进行密闭性检测之前必须进行的工作，即对监测仪器系统进行密闭性检查，包括仪器自身密闭性检查和适配器密闭性检查。

（1）仪器自身密闭性检查

① 仪器自身管路连接，形成密闭回路。

② 产生压力值为 1 245 Pa（偏差不超出±100 Pa），保持稳定。

③ 等待 3 min，气压值较稳定时，读取压力值，压力下降绝对值在 15 Pa 以内说明仪器自身密闭性检查符合监测要求。

（2）适配器密闭性检查

① 根据待测加油站所用加油枪品牌选择相匹配的适配器。

② 连接适配器与仪器，使之形成密闭回路。

③ 产生压力值为 1 245 Pa（偏差不超出±100 Pa），保持稳定。

④ 等待 3 min，气压值较稳定时，读取压力值，绝对值减小范围在 15 Pa 内即说明适配器密闭性检查符合监测要求。

### 2．加油员操作质量控制

加油站场地内的仪器设备，必须由加油员操作使用，环境监测人员不能自行操作。因此，在进行油气回收监测活动时，如果需要操作场地内的仪器设备，就需要由加油员来完成。

气液比检测时，需要使用加油枪。该操作之前，必须将相关的操作要求告知加油员，讲解技术要领和注意事项。加油员操作的规范性是监测活动中必要的质量控制环节之一，应给予重视。

（1）加油员操作要求

① 进行气液比检测前，加油员须进行操作练习，熟悉相关操作，在油桶内注入 3L 汽油，必须对每把需要检测的加油枪均进行上述操作。

② 加油时必须挂挡操作。

③ 加油前不能预先设定加油量。

④ 用加油枪直接加油，不能用加油机开关控制加油。

（2）加油员操作的误差控制

为减少加油员操作产生的误差，在实施气液比检测之前，须对加油员操作产生的误差进行控制。在高档位、待测汽油加油枪连续 2 次加油操作时，其气液比差值的绝对值不得超过 0.01，此时认为该加油员已熟悉气液比加油操作。

① 按照气液比检测要求连接仪器，任意选择一把汽油加油枪进行气液比检测。

② 在高档位流量向油桶加油，每次加油量不小于 15 L；加至所规定油量后，停止加油，按照加油量数值计算出所检测汽油枪高档位气液比值，并记录。

③重复②操作过程，得出该把汽油枪高档位第二个气液比值并记录。

④比较连续 2 次气液比的数值，差值绝对值小于 0.01 时，判定操作合格；大于 0.01 时，则重复②和③，直至连续 2 次气液比测定的差值绝对值小于 0.01。

## 二、油气回收监测质量管理要求

油气回收监测活动质量管理，除了满足计量认证质量体系的普遍性要求外，还应特别关注安全和技术特殊性等方面的要求。

### 1．持证上岗要求

按照《环境监测人员持证上岗考核制度》的要求，环境监测人员必须持证上岗。就环境监测常规监测条件和环境而言，加油站油气回收监测存在其特殊性，为了保证监测人员培训、自考认定以及现场考核工作的质量，中国环境监测总站针对该项监测活动，制定了特定要求。

（1）硬件要求

必须具备如下硬件条件，才能申请持证上岗考核：

① 油气回收检测仪（含防爆工具、升降式油桶、加油枪适配器和替代枪棒等）；

② 烃类检测器（限储油库油气泄露项目）；

③ 防爆气体采样器（限气袋采样用）；

④ 测爆仪；

⑤ 防静电工作套装。

（2）软件要求

尽管实施持证上岗考核时，并不一定同时开展计量认证评审（含首次评审、扩项评审和复评审），但是，作为监测质量管理的基本要求，应该具备如下软件基础，否则，不能申请持证上岗考核：

① 油气回收检测设备、烃类检测器、测爆仪和非甲烷总烃采样设备须经过整体防爆认证；现场使用的其他设备和工具应符合防爆要求（表 8.1）。

**表 8.1　加油站油气回收治理设施监测仪器工具安全要求和清单**

<table>
<tr><th>编号</th><th colspan="2">设备名称</th><th>安全要求</th></tr>
<tr><td>1</td><td colspan="2">油气回收检测仪</td><td>ExibⅡ BT3</td></tr>
<tr><td>2</td><td colspan="2">油桶</td><td>现场接地</td></tr>
<tr><td rowspan="5">3</td><td rowspan="5">工具箱内配件</td><td>适配器（含实心钢棒）</td><td rowspan="2">铜质或不锈钢质</td></tr>
<tr><td>防爆扳手</td></tr>
<tr><td>生胶带</td><td>无</td></tr>
<tr><td>垫圈</td><td>耐油</td></tr>
<tr><td>地线</td><td>铜质</td></tr>
</table>

| | | | |
|---|---|---|---|
| 3 | 工具箱内配件 | 软管 | 无 |
| | | T 形阀 | 铜质或不锈钢质 |
| | | 堵头 | |
| | | 对丝接头 | |
| | | 氮气快速接头 | |
| | | 抽气筒（仅在加油站黄线外使用） | 无 |
| 4 | 真空箱气体采样器 | | ExibⅡ AT3 |
| 5 | 特氟龙管 | | 无 |
| 6 | 气袋 | | 无 |
| 7 | 大气压计（仅在加油站黄线外使用） | | 无 |
| 8 | 温湿度计（仅在加油站黄线外使用） | | 无 |
| 9 | GPS 定位仪（仅在加油站黄线外使用） | | 无 |
| 10 | 测爆仪 | | Exiad Ⅱ CT4 |
| 11 | 防静电服、手套 | | 符合 GB 12014—2009 标准 |
| 12 | 石棉被（灭火毯） | | 无 |
| 13 | 氮气钢瓶 | | 氮气钢瓶使用时固定在推车上，氮气钢瓶和推车均要接地 |
| 14 | 氮气钢瓶推车 | | |
| 15 | 氮气减压阀 | | |
| 16 | 氮气高压管 | | |
| 17 | 氮气高压管喉箍 | | |
| 18 | 隔离栏 | | 不锈钢质 |
| 19 | 凡士林 | | 无 |
| 20 | 肥皂水 | | 无 |

② 应该编制必要的仪器操作规程/作业指导书。虽然《加油站大气污染物排放标准》（GB 20952—2007）的附录中，给出了各监测项目的检测方法，但是，由于油气回收检测仪等仪器为专用仪器，生产厂家和型号各异，而且其中的软件界面等各不相同，因此，有必要编制操作规程或作业指导书，以保证操作人员规范使用。操作规程或作业指导书中应包括加油站检测条件要求等内容。

③ 应该编制安全作业指导书。质量体系中，应包含安全制度和事故应急预案内容在内的安全作业指导书。油气回收监测的安全性要求，可以是质量体系安全规定中的一部分，也可以单独建立专用于加油站监测的安全作业指导书；由于加油站监测工作的相对独立性，单独建立安全作业指导书很有必要，也便于相关人员在监测时携带。

④ 为了保证规范监测，也为了避免在监测现场对关键内容的遗忘，应编制“规范/安全作业检查表”（表 8.2），既作为工作记录表格，也作为提醒性文件。该表中，应包括现场操作的全部操作环节。

⑤ 与环境监测中的其他监测仪器一样，计量器具都应该进行量值溯源。值得注意的是，加油枪作为油气回收监测过程中的重要计量设备，也需要进行量值溯源；加油枪的量值溯源由加油站实施，但是，监测人员在监测现场应该记录加油枪的量值溯源信息，即在气液比检测的原始记录表中必须包含加油枪量值溯源信息，该信息一般在加油机上贴有标识。如果是非甲烷总烃检测的质量控制，用于稀释标准气体的器具，也应该进行计量检定。油

气回收监测仪器和测爆仪应进行强制检定。

**表 8.2 加油站油气回收治理设施环保监测检查表**

| 标识: | | | | | 编号: |
|---|---|---|---|---|---|
| 编号 | 检查内容 | | 检查结果 | | 检查人 |
| 1 | 监测前准备 | ※监测仪器、工具检查表 | 合格□ | 不合格□ | |
| 2 | | ※监测人员着装符合监测要求 | 是□ | 否□ | |
| 3 | | ※手机、打火机妥善安置 | 是□ | 否□ | |
| 4 | | ※监测人员按要求释放静电 | 是□ | 否□ | |
| 5 | | ※工作场地无洒落零星汽油 | 是□ | 否□ | |
| 6 | | ※现场无较浓的油气味 | 是□ | 否□ | |
| 7 | | ※按规范划分安全警戒线 | 是□ | 否□ | |
| 8 | | ※消防器材放置到位 | 是□ | 否□ | |
| 9 | | ※测爆仪安置在工作区域内 | 是□ | 否□ | |
| 10 | | 监测仪器密闭性检测是否合格 | 是□ | 否□ | |
| 11 | | ※适配器泄漏检测 | 初始压力值 Pa<br>3 分钟后压力值 Pa | | |
| 12 | | ※监测设备接地 | 是□ | 否□ | |
| 13 | | ※氮气钢瓶接地 | 是□ | 否□ | |
| 14 | 密闭性 | ※仪器是否清零 | 是□ | 否□ | |
| 15 | | ※油气空间是否符合标准要求 | 是□ | 否□ | |
| 16 | | ※P/V 阀门是否开启 | 是□ | 否□ | |
| 17 | | ※呼吸阀是否开启 | 是□ | 否□ | |
| 18 | | 末端处理装置是否关闭 | 是□ | 否□ | |
| 19 | | ※加油枪是否挂好 | 是□ | 否□ | |
| 20 | | ※三通阀是否开启 | 是□ | 否□ | |
| 21 | | ※油罐初始压力值 | 初始压力值 Pa | | |
| 22 | 液阻 | ※打开被检加油机对应储罐回气口 | 是□ | 否□ | |
| 23 | 气液比 | ※关闭被检加油机对应储罐回气口 | 是□ | 否□ | |
| 24 | | ※监测前关闭油桶所有卸油口 | 是□ | 否□ | |
| 25 | | ※监测后适配器泄漏检测 | 初始压力值 Pa<br>3 分钟后压力值 Pa | | |
| 26 | | ※监测仪器、工具检查表 | 合格□ | 不合格□ | |

注：1. ※为必检项目；2. 适配器泄漏检测可以代替仪器自身密闭性检测。

（3）现场培训和考核要求

① 培训和自考认定必须在含有油气回收设施的加油站现场进行，使监测人员熟悉加油站现场和环境；不能仅仅进行监测仪器培训，而对加油站现场一无所知或仅限于纸上谈兵；应保证监测人员具有实际工作能力。自考认定材料中最好包含现场培训或自考认定的照片（但注意照相时的安全距离）。

② 持证上岗考核必须在含有油气回收设施的现场进行，保证考核工作质量。

③ 持证上岗考核时，每位申请考核的人员都必须到现场，即按照 30%抽考时，至少要

抽考其中的一个监测项目；一般现场考核时，3 人一组进行协同操作，3 个人的分工应由考核专家现场随机安排，保证监测人员具有一人多岗的能力。

④ 持证上岗考核时，还应该根据安全作业指导书相关要求对人员操作时的安全进行考核，考核中存在明显安全隐患，例如未释放静电、手机未关机、服装中含化纤材料、携带打火机、仪器未接地、辅助设备中采用铜/不锈钢以外材质等现象可直接判为不合格。

**2. 质量体系文件要求**

根据监测工作需要，环境监测机构将油气回收监测项目纳入质量体系时，应按照开展新项目和方法管理程序做好前期准备工作，并应特别关注如下内容。

（1）人员

在环境监测机构中，一般加油站油气回收监测工作由现场监测部门实施，此时，由于该部门承担常规现场监测任务，对质量体系比较熟悉，只要对该类监测内容给予关注，应该能够较好地执行质量体系要求。但是，该项工作也可能由独立的监测部门负责，此时，可能存在监测人员对质量体系不熟悉的情况，因此，应该特别注意对监测人员进行质量体系知识的宣贯和培训，以保证质量体系的有效运行。

（2）作业指导书

作业指导书或操作规程中应包括操作规程、检测条件、检测方法、质量控制、仪器维护保养以及期间核查等内容。

安全作业规程的内容涵盖安全措施、防爆应急预案和设备安全要求清单等。

期间核查规程中应包括对仪器外观、压力和流量进行核查的规定，至少每 6 个月进行一次核查。

仪器量值溯源的要求中，应包括油气回收检测仪和测爆仪的强检周期。

（3）记录

开展加油站油气回收监测工作中，需要的记录表格一般包括：加油站油气回收治理设施环保监测仪器工具检查表（可参考表 8.1），加油站油气回收治理设施环保监测检查表（可参考表 8.2），加油站油气回收系统密闭性监测现场记录表，加油机油气回收管线液阻监测现场记录表，加油站汽油加油枪气液比监测现场记录表和加油站油气处理装置非甲烷总烃采样记录等；必要时可独立设计加油站油气回收系统监测现场工况记录单和加油站环境油气浓度监测现场记录单，或将相关信息纳入现场记录表中。

对于《加油站大气污染物排放标准》（GB 20952—2007）附录中给出的一些记录表格，可以结合本单位的管理要求和对监测技术的了解而进行补充完善。

测试报告中应包括如下信息：

（1）被测加油站信息：加油站名称、加油站地址。

（2）检测时间。

（3）执行标准及监测方法：《加油站大气污染物排放标准》（GB 20952—2007）。

（4）气象参数：温度、湿度、大气压。

（5）检测设备信息：仪器型号、出厂编号。

（6）监测点位图：密闭性、液阻、气液比及非甲烷总烃采样点位。

（7）密闭性指标应包含：测点、油罐形式、汽油标号、油气空间、系统对应汽油加油枪数、5 min 时系统压力、结论。

（8）液阻指标应包含：测点、三档流速所对应的检测值、结论。

（9）气液比指标应包含：测点、加油枪检定证书编号、加油枪品牌、各档气液比检测值、结论。

（10）审核签字：部门审核人、项目负责人和批准人。

# 附表 环境监测质量控制指标体系框架

| | 内容 | | 控制指标 |
|---|---|---|---|
| 环境监测质量控制指标体系框架 | 实验室质量控制指标体系 | | 监测点位 |
| | | | 样品采集 |
| | | | 样品运输 |
| | | | 样品保存 |
| | | | 空白样品 |
| | | | 校准曲线 |
| | | | 初始校准和连续校准 |
| | | | 检出限 |
| | | | 平行样 |
| | | | 加标回收 |
| | | | 标准样品/标准物质比对分析 |
| | | | 仪器设备量值溯源 |
| | | | 质量控制图 |
| | 环境质量控制指标体系 | 环境空气自动监测质量控制 | 点位布设 |
| | | | 站房建设 |
| | | | 采样系统 |
| | | | 标准溯源 |
| | | | 校准指标 |
| | | | 性能审核 |
| | | | 数据采集与传输 |
| | | 环境水质自动监测质量控制 | 点位布设 |
| | | | 采配水系统 |
| | | | 仪器性能指标 |
| | | | 比对测试质控指标 |
| | | 环境噪声自动监测质量控制 | 点位布设 |
| | | | 固定站建设 |
| | | | 仪器性能指标 |
| | | | 比对监测质量控制指标 |
| | | | 系统维护 |
| | 污染源连续（在线）监测质量控制指标体系 | 水污染源连续（在线）监测质量控制指标 | 站房建设 |
| | | | 采样取水系统 |
| | | | 仪器与设备指标 |
| | | | 比对测试质控指标 |
| | | | 系统校验 |
| | | 固定污染源连续（在线）监测质量控制指标 | 点位布设 |
| | | | 样品采集 |
| | | | 现场测试 |
| | | | 仪器与设备 |
| | | | 比对监测质控指标 |
| | | | 系统校准 |
| | | | 系统维护 |

# 附　件

## 附件 1：持证上岗考核工作用表

附表 1.1　持证上岗考核申请表

单位名称：　　　　　　　　　　　　　　　　　　　　　　　　填表日期：

| 序号（注 1 | 姓名 | 性别 | 年龄 | 技术职称 | 项目类别（注 2） | 考核项目 | 分析方法名称、代号及来源（注 3） | 自考认定方式（注 4） | 持证情况（注 5） | 能力验证等（注 6） | 建议现场考核方式（注 7） | 现场考核方式（注 8） |
|---|---|---|---|---|---|---|---|---|---|---|---|---|
| 填写：顺序号 | | | | 填写：助工、工程师、高工、正高 | | 填写：所申报项目的名称，如硫酸盐等 | 按注 3 中格式填写分析方法名称、代号及来源 | 填写：标样测试、留样复测、实样测试、操作演示、免试 | 已持证者填写“√”，否则不填 | 填写：能力验证、质控考核、标准样品定值、比对监测等 | 填写：标样测试、留样复测、实样测试、操作演示、免试 | 填写：标样测试、留样复测、实样测试、操作演示、免试 |
| | | | | | | | | | | | | |

注：1. 序号以人为单位，每人一个顺序号。

2. 项目类别按最新“持证上岗考核与计量认证分类目录”填写。

3. 对于标准方法，填写方法名称和标准号；对于非标准方法，按照“方法名称”、“方法来源（出版物名称）”和“版次”的顺序填写。若为应急监测或便携式仪器，填其名称及型号。

4. 自考认定方式：指被考核单位在进行自考认定时采取的考核方式。自考认定方式包括：标样测试、留样复测、实样测试、操作演示和免试等。免试指在三个自然年内参加省级以上能力验证、质控考核、标准样品定值、比对监测，且结果满意/合格/被采用。

5. 持证情况：指被考核人是否持有该项目的上岗证。目前已持证者用“√”表示，新增项目不填。

6. 能力验证等：三个自然年内，参加能力验证、质控考核、标准样品定值、比对监测，且结果满意/合格/被采用。包括国家级和省级。

7. 建议现场考核方式：被考核单位提出现场考核的建议，供考核组参考。考核方式包括：标样测试、留样复测、实样测试、操作演示和免试等。免试指在三个自然年内参加国家级能力验证、质控考核、标准样品定值、比对监测，且结果满意/合格/被采用。

8. 现场考核方式：（此栏由考核组填写）根据现场考核的原则，结合被考核单位提出的现场考核建议，考核组确定现场考核的内容和方式。考核方式包括：标样测试、留样复测、实样测试、操作演示和免试等。免试指在三个自然年内参加国家级能力验证、质控考核、标准样品定值、比对监测且结果满意/合格/被采用。

9. 正式提交表格时，将填表说明删除。

## 附表 1.2 参加能力验证及考核等情况汇总表

单位名称： 填表日期： 年 月 日 第 页 共 页

| 序号 | 组织单位 | 考核形式（注 1） | 考核时间（注 2） | 考核项目 | 考核结果 | 参加考核人员 |
|---|---|---|---|---|---|---|
| | | | | | | |
| | | | | | | |
| | | | | | | |
| | | | | | | |
| | | | | | | |
| | | | | | | |
| | | | | | | |

注：1. 考核形式：包括能力验证、质控考核、标准样品定值或比对监测。
2. 考核时间：必须是三个自然年内进行的。

## 附表 1.3 持证上岗现场考核计划和考核记录表

单位名称： 填表日期： 年 月 日 第 页 共 页

| 序号 | 姓名 | 项目类别（注 1） | 考核项目 | 分析方法名称、代号及来源 | 现场考核方式 | 现场考核情况记录 | 现场考核结果评价 | 备注 |
|---|---|---|---|---|---|---|---|---|
| | | | 填写：所申报项目的名称，如硫酸盐等 | 按申请表中格式填写分析方法名称、代号及来源 | 填写：标样测试、留样复测、实样测试、操作演示、免试 | 包括考核情况、存在问题等 | 填写：合格、不合格 | 对免试者，需要查看免试证明文件，并记录 |
| | | | | | | | | |
| | | | | | | | | |
| | | | | | | | | |
| | | | | | | | | |
| | | | | | | | | |
| | | | | | | | | |

注：1. 此表为现场考核计划和考核记录合用表。
2. 此表为考核组现场考核前和考核中的工作用表，由考核组封存于被考核单位，不上报。

考核组成员签字： 日期：

### 附表 1.4 持证上岗自考认定情况抽查记录表

单位名称：

| |
|---|
| 1. 自认定材料总体情况：（包括：是否包括申请项目的所有人员（指监测类）、材料是否齐全、材料的可追溯性如何、认定手续（含签字等）是否齐全等） |
| 2. 抽查情况：（包括：抽查人员及项目、查看内容、认定方式是否合理、对认定方式的复查情况等） |
| 3. 其他 |
| 注：此表为考核组现场考核中工作用表，由考核组封存于被考核单位，不上报。 |

考核组成员签字：　　　　　　　　　　　　　　　　日期：

附件 2：环境监测人员持证上岗考核报告

# 环境监测人员
# 持证上岗考核报告

被考核单位：

考核日期：　　年　　月　　日—　　月　　日

中国环境监测总站　编制

**表 1　基本情况**

| | | | |
|---|---|---|---|
| 申请单位 | | | |
| 地　　址 | | | |
| 联系电话 | | | |
| 联 系 人 | | | |
| E-mail | | | |
| 传　　真 | | 邮政编码 | |
| 颁发合格证人数 | 人 | | |
| 合格证有效期 | 年　月　日—　年　月　日 | | |
| 备　　注 | | | |

**表 2　现场考核项目一览表**

| 序号 | 姓名 | 监测类别 | 项目名称 | 分析方法名称、代号及来源 | 理论考核 | 现场考核 | 考核结论 |
|---|---|---|---|---|---|---|---|
| | | | | | | | |
| | | | | | | | |
| | | | | | | | |
| | | | | | | | |
| | | | | | | | |
| | | | | | | | |
| | | | | | | | |

注：1. 理论考核：分为通过和不通过，达到试卷总分数 70%以上为合格。
2. 现场考核：样品分析、基本技能分为合格、不合格。
3. 考核结论：分为合格、不合格。

**表 3 标准样品测试结果**

第 页共 页

| 序号 | 姓名 | 标签编号 | 项目类别 | 考核项目 | 标准值±不确定度 | 合格范围 | 第一次 $X$ | 第一次测定 | 第二次 $X$ | 第二次测定 |
|---|---|---|---|---|---|---|---|---|---|---|
| | | | | | | | | | | |

注：1. 若为标准测试，填写标样的“标准值±不确定度”。

2. 测定结果：“第一次 $X$”为第一次报送的测试结果，可以是多次测定的平均值；若“第一次 $X$”报送的测试结果不合格，可以在考核组同意的情况下，进行第二次测量，填报“第二次 $X$”，最多只允许填报两次。

**表 4 考核通过建议发证项目表**

| 序号 | 姓 名 | 性 别 | 技术职称 | 发 证 项 目 | 证书编号 |
|---|---|---|---|---|---|
| | | | | | |
| | | | | | |
| | | | | | |
| | | | | | |
| | | | | | |
| | | | | | |
| | | | | | |
| | | | | | |
| | | | | | |
| | | | | | |
| 合计 人、 | | | 合计 | 项（项目不重复统计）、 | 项次 |

**持证上岗考核组意见**

| |
|---|
| 考核组组长： 年 月 日 |

**持证上岗考核组名单**

| | 姓　名 | 单　位 | 职务/职称 | 电话（手机号） |
|---|---|---|---|---|
| 组长 | | | | |
| 组员 | | | | |
| 组员 | | | | |
| 组员 | | | | |
| 组员 | | | | |

| 审 批 意 见 |
|---|
| 批准人：　　　　　　批准单位盖章 |

附件 3：

______环境监测中心（站）持证上岗考核合格项目和方法表

| 序号 | 姓名 | 监测类别 | 项目名称 | 分析方法名称、代号或来源 | 发证时间 | 有效期 |
|---|---|---|---|---|---|---|
| | | | | | | |
| | | | | | | |
| | | | | | | |
| | | | | | | |
| | | | | | | |
| | | | | | | |
| | | | | | | |

## 附件 4：环境监测人员技术考核合格证模版

**环境监测人员技术考核**
**合 格 证**

编　号：××××-××-×××

发证单位：中国环境监测总站
（盖章）

有效期：　　年　月　日—
　　　　　　年　月　日

照
片

姓　　名 __________
性　　别 __________
技术职称 __________
工作单位 ______________

考核合格项目：

考核单位盖章

# 参考文献

[1] 周弛，等. 浅谈美国环境监测质量保证与质量控制. 中国环境监测，2010.6.

[2] 毕孟飞，等. 环境监测过程中的质量控制与保证. 环境工程，2009.

[3] 夏新，等. 中国环境监测质量管理体系之我见. 中国环境监测，2007.2.

[4] 环境监测系统质量管理体系框架设计报告. 江苏省环境监测中心，2011.5.

[5] 环境监测质量管理技术导则. HJ 630—2011.

[6] 环境空气质量自动监测技术规范. HJ/T 193—2005.

[7] 环保重点城市环境空气自动监测质量管理规定（暂行）. 总站综字[2008]44 号.

[8] 环境空气质量监测规范（试行）. 国家环境保护总局公告 2007 年第 4 号.

[9] 中国环境监测总站. 国家地表水自动监测站运行管理办法. 总站水字[2007]182 号.

[10] 环境保护产品技术要求　化学需氧量（$COD_{Cr}$）水质在线自动监测仪. HJ/T 377—2007.

[11] pH 水质自动分析仪技术要求. HJ/T 96—2003.

[12] 电导率水质自动分析仪技术要求. HJ/T 97—2003.

[13] 浊度水质自动分析仪技术要求. HJ/T 98—2003.

[14] 溶解氧（DO）水质自动分析仪技术要求. HJ/T 99—2003.

[15] 高锰酸盐指数水质自动分析仪技术要求. HJ/T 100—2003.

[16] 氨氮水质自动分析仪技术要求. HJ/T 101—2003.

[17] 总氮水质自动分析仪技术要求. HJ/T 102—2003.

[18] 总磷水质自动分析仪技术要求. HJ/T 103—2003.

[19] 总有机碳（TOC）水质自动分析仪技术要求. HJ/T 104—2003.

[20] 江苏省环境水质（地表水）自动监测预警系统运行管理办法（试行）. 苏环办[2009]416 号.

[21] 广东省环境质量自动监测质量保证管理办法（试行）. 粤环函[2003]16 号.

[22] 四川省地表水水质自动监测系统管理办法（试行）. 川环发[2005]68 号.

[23] 四川省地表水水质自动监测系统运行管理实施细则（试行）. 川环监站[2011]136 号.

[24] 中国环境监测总站. 水质自动站点选址技术要求. 总站水字[2010]114 号.

[25] 国内外质量管理体系建设调研报告.

[26] 污染源自动监控管理办法. 国家环保总局令第 28 号. 2005.9.19.

[27] 环境保护部. 污染源自动监控设施运行管理办法. 2008.4.9.

[28] 环境保护部. 国家重点监控企业污染源自动监测数据有效性审核办法. 环发[2009]88 号. 2009.7.22.

[29] 环境保护部. 国家重点监控企业污染源自动监测设备监督考核规程. 2009.7.

[30] 水污染源在线监测系统安装技术规范（试行）. HJ/T 353—2007. 环发[2009]88 号. 2009.7.22.

[31] 水污染源在线监测系统验收技术规范（试行）. HJ/T 354—2007.

[32] 水污染源在线监测系统运行与考核技术规范（试行）. HJ/T 355—2007.

[33] 水污染源在线监测系统数据有效性判别技术规范（试行）. HJ/T 356—2007.

[34] 固定污染源烟气排放连续监测技术规范（试行）. HJ/T 75—2007.

[35] 固定污染源烟气排放连续监测系统技术要求及检测方法（试行）. HJ/T 76—2007.

[36] 固定污染源监测质量保证与质量控制技术规范（试行）. HJ/T 373—2007.

[37] 关于印发《功能区声环境质量自动监测技术规定（暂行）》与《环境噪声自动监测系统技术要求（暂行）》的通知. 总站物字[2011]136 号.

[38] 夏新，等. 环境质量监测数据准确性评定指标研究报告. 2012.11.

[39] 中国环境监测总站. 环境水质监测质量保证手册（第二版）[M]. 北京：化学工业出版社，1994.

[40] 张国清. 环境监测质量保证与质量控制及其在地表水监测采样中的应用[J]. 环境研究与监测，2012（25）：26.

[41] 薛念涛. 环境监测的全面质量管理[M]. 北京：中国建筑工业出版社，2008.

[42] 夏新，彭刚华. 地表水常规监测项目质量控制指标[M]. 北京：中国环境科学出版社，2011.

[43] 邓慕，夏新，王伟，等. 土壤中酞酸酯类化合物监测方法的质量控制研究[J]. 环境监控与预警，2012，4（1）：14-16.

[44] 夏新，樊孝俊，胡正生，等. 原子吸收法测定水中锌质量控制指标研究[J]. 中国环境监测，2012，28（3）：113-115.

[45] 夏新，马芳. 环境监测质量控制结果的几种评价方法探讨[J]. 环境科学导刊，2012，31（3）：104-107.

[46] 国家认证认可监督管理委员会. 实验室资质认定工作指南. 北京：中国计量出版社，2007.

[47] 中国实验室国家认可委员会. 实验室认可与管理基础知识. 北京：中国计量出版社，2003.

[48] 实验室和检查机构资质认定管理办法. 国家质量监督检验检疫总局令第 86 号. 2006.2.21.

[49] 实验室资质认定评审准则. 国认实函[2006]141 号. 2006.7.27.

[50] 检测和校准实验室能力的通用要求. GB/T 27025—2008.

[51] 池靖，夏新，王向明，等. 浅谈环境监测仪器的量值溯源[J]. 中国环境监测，2008，24（5）：57-60.

[52] 钱江. 环境监测实验室的量值溯源. 环境监测管理与技术，2003，15（6）：34-35.

[53] 刘亚民，刘庆，张苏敏，等. 如何做好量值溯源工作. 现代测量与实验室管理，2006，4：59-61.

[54] 环境监测质量保证三项制度. [91]环监字第 043 号.

[55] 关于印发《环境监测质量管理规定》和《环境监测人员持证上岗考核制度》的通知. 环发[2006]114 号.

[56] 关于印发《环境监测人员持证上岗考核实施细则》的通知. 总站综字[2007]96 号.

[57] 环境监测人员持证上岗考核试题集（上册）（第三版）. 北京：中国环境科学出版社，2012.4.

[58] 环境监测人员持证上岗考核试题集（下册）（第三版）. 北京：中国环境科学出版社，2013.9.

[59] 李国刚，等. 环境监测质量管理工作指南. 北京：中国环境科学出版社，2010.